中国林业碳汇潜力和发展路径研究

姜　霞　著

U0245953

中国农业出版社

北　京

图书在版编目（CIP）数据

中国林业碳汇潜力和发展路径研究 / 姜霞著．—北京：中国农业出版社，2019.10
ISBN 978-7-109-25876-1

Ⅰ.①中…　Ⅱ.①姜…　Ⅲ.①森林－二氧化碳－资源管理－研究－中国　Ⅳ.①S718.5

中国版本图书馆 CIP 数据核字（2019）第 192855 号

中国农业出版社出版
地址：北京市朝阳区麦子店街 18 号楼
邮编：100125
责任编辑：姚　红
版式设计：杨　婧　责任校对：巴洪菊
印刷：北京印刷一厂
版次：2019 年 10 月第 1 版
印次：2019 年 10 月北京第 1 次印刷
发行：新华书店北京发行所
开本：720mm×960mm　1/16
印张：10.5
字数：200 千字
定价：48.00 元

浙江省重点创新团队"现代服务业创新团队"研究成果

浙江省"十三五"一流学科"应用经济学"研究成果

浙江树人大学著作出版基金资助成果

浙江省哲学社会科学研究基地"浙江省现代服务业研究中心"研究成果

摘　　要

　　经济增长极大地满足了人类社会的物质财富需求，但却使环境质量每况愈下，集中体现为全球气候变暖。工业革命以来的人为碳排放是全球气候变暖的重要原因。如果不能有效实现"碳去除"，将可能使世界面临重大危机。工业减排、林业增汇是主要的"碳去除"途径。相对于工业减排，林业碳汇更加具有成本有效性，同时还能产生多种效益，是世界各国应对气候变化的重要策略。中国已经成为世界第一大碳排放国，控制碳排放，改善生态环境刻不容缓。中国政府在两轮自主减排承诺中都明确提出了通过增加森林碳汇供给，应对气候变化的目标和计划。在中国经济转型升级的新形势下，这些林业发展目标能否达成，中国林业碳汇发展是否具有潜力，有哪些约束条件，经济增长放缓、碳交易、林业改革这些现实的情景对中国林业碳汇潜力有怎样的影响，应该建立怎样的发展路径？这些都是亟待解决的问题。

　　在中国的学术界，林业碳汇潜力和相关机制的研究仍然是一个崭新的领域，尤其缺乏以经济学理论为基础，结合跨学科方法，考虑宏观经济社会环境的、动态的、量化的研究。本研究以经济学为理论框架，考虑了现实中极为重要的经济社会变量，通过计量经济模型、空间局部均衡模型和碳汇模型的结合对中国林业碳汇潜力进行了分析和预测，具有理论意义和现实意义。具体的研究内容和结论如下：

　　第一，从经济学理论出发，探讨了森林碳汇的经济属性、供给问题，以及经济增长和森林资源利用的关系。主要的结论包括：森林碳汇是一种全球性公共物品，存在供给失灵问题，可以通过市场途径、政府途径和自主治理的途径来解决森林碳汇服务供给不足的问题；森林生态系统和社会系统是相互耦合的复杂关系；经济增长导致的资源利用方式转变对森林资源的动态变化存在重要影响，这种影响在社会系统和森林生态系统之间存在循环反馈。

第二，森林碳源汇现状和影响因素研究。首先，对世界森林资源分布和森林碳源汇的状况进行了阐述，分析出经济制度影响下的森林资源利用方式，是决定森林碳源汇作用的关键因素。其次，对中国森林资源存量、森林碳库的动态变化、林业碳汇发展目标，进行了详细论述和分析。研究结果表明中国森林资源存量和森林碳库存在 U 形的发展轨迹，这一曲线的转折点对应的是 20 世纪 70 年代，主要的驱动因素是经济制度变迁。再次，通过中国 2003—2013 年省级面板数据，对森林蓄积量与社会经济变量之间的关系，进行了固定效应分析，并对实证结果进行了分析说明。主要的研究结论包括，在不考虑其他影响因素的情况下，森林蓄积消耗与人均 GDP 存在 EKC 关系；森林质量是影响森林固碳能力的关键性因素；农业林业存在和谐共生关系；天然林保护工程对于增加森林蓄积量和碳储量起到了显著效果。

第三，林业碳汇潜力的研究方法。首先阐明了全球林产品模型——GFPM 的假设前提、结构、基本原理和数据来源；其次对研究中使用的 IPCC 森林碳汇模型进行了详细说明，包括概念界定、计算方法和参数设定。该研究方法的基本逻辑是：首先根据研究目标设定外生变化，然后利用 GFPM 模型模拟出这些外生冲击下中国森林资源存量的动态变化，最后在此基础上利用 IPCC 碳汇模型估计出森林碳库的动态变化。

第四，对 2015—2030 年三类不同发展情景下中国森林资源存量、森林碳库的动态变化进行了模拟研究。首先分析了当前中国林业发展面临的最为重要、最为主要的发展情景——"经济增长率降低""碳交易""林业改革"。然后利用上文提出的森林碳库预测方法，估计出不同情景下，中国森林资源存量和森林碳库的动态变化。

主要的研究结论包括：中国林业碳汇发展目标能够如期达成；森林碳汇对 2030 年碳减排目标的贡献率预计约为 4.87%。三类不同发展情景下 2015—2030 年中国森林平均年碳汇量为 109.94～131.72Tg C；到 2030 年中国森林碳库预计为 8.64～8.97Pg C[①]。中国林业碳汇发展具有潜力，但主要的约束条件是蓄积水平偏低。经济增长的适度放缓将可能减少木材的市场需求和资源消耗，从而有利于增加森林碳汇服务的供给。碳价对森林碳汇供给存在正向的影响，但这种效应的大小取决于森林碳汇供给的价格弹性。长远看，天然林全面停止商业性采伐并不会对国内木材生产产生较大影响，可能的原因是人工林木材生产对天然林的替代，这种替代的过程是一种帕累托改进。

第五，提出了中国林业碳汇发展路径。阐明了主要的林业碳汇策略；对国际国内碳市场状况，生态补偿机制发展情况和约束条件进行了分析和说明；在分析中国各区域森林资源特点的基础上提出了相应的林业碳汇发展策略；最后提出了中国林业碳汇发展的制度框架。

总而言之，贯穿本研究的基本命题是：森林生态系统和社会系统是耦合的系统；这一系统中内部的子系统、层级、变量之间都存在多元互动的关系，共同决定了系统的产出。经济增长、制度变迁等社会系统变量与森林生态服务供给的动态变化是投入产出的关系，并且这种关系存在着循环反馈。必须通过制度创新实现这种投入产出之间的良性循环。

本研究可能的创新包括如下方面：

第一，研究内容上可能的创新。中国森林碳汇的量化研究见长于自然学科领域，但是由于学科属性的差异，相关研究往往在经济社会变量的考虑上有所欠缺。而实际上，经济社会环境所决定的资源利用方式是影响森林资源存量动态变化和森林碳源汇作用的决定

---

① 　$1Pg=10^{15}g=1Gt$；$1gC=(44/12)gCO_2e$。

性因素。其中不仅包括经济增长导致的需求和偏好的变化，价格机制对森林资源配置的作用，应对气候变化过程中森林经营管理方式的转变，还包括开放经济带来的影响，如全球经济一体化导致的森林资源利用方式的分工和资源再分配等。上述因素对于中国林业发展和林业碳汇潜力的影响，是已往的研究所忽略的，但也是极其重要的内容。因此本研究重点考虑了上述外生变量对中国森林资源动态变化和林业碳汇潜力的影响，具有研究内容上的创新。

第二，研究视角上可能的创新。不论是从世界范围，还是从中国来看，历史上和现实中人为因素对森林演替过程的干扰是森林资源动态变化，从而使森林生态系统成为碳源或者碳汇的主要原因，而这背后最为根本的缘由是社会经济发展和制度变迁。经济、社会、环境等变量或约束条件对林业活动及其碳汇潜力构成影响，并且这些变量之间存在多元互动和循环反馈的关系。因此研究视角不能仅仅拘泥于某一种单向的因果联系，而需要从经济社会发展与森林生态系统耦合的角度来解释"为什么"，以及解答"如果怎样就会怎样"。这也是本研究在研究视角上可能的创新。

第三，研究方法上的可能创新。林业碳汇潜力研究，不仅需要考虑森林生态系统的生物物理属性，更要考虑到其经济社会属性，因此具有交叉学科的特点。本研究以经济学为基本的分析框架，也结合了自然学科的森林碳库和碳源汇估计方法，是交叉学科的研究，具有研究方法上的创新。

关键词：林业碳汇潜力；森林碳汇；发展情景；全球林产品模型；社会—生态系统

Abstract

Economic growth has met the great demand of human society for material wealth, but also brought environmental degradation which epitomized by the global warming. Anthropogenic carbon emissions since the industrial revolution contributed to global warming. If we can not effectively achieve 'Carbon Removal', the world would likely face significant crisis. Reducing industrial carbon emission and increasing carbon sink in forest ecosystems are two major 'Carbon Removal' approachs. The forest carbon sequestration is more cost – effective in comparison. Meanwhile it also generates multiple benefits. So that it is an essential strategy to confront climate change around the world. Nowadays China has become the world's largest carbon emitter. Reducing carbon emissions and improve the ecological environment is crucial issues for sustainable development. Forest carbon sequestration as a key strategy to mitigation of climate change in China has been incorporated into the national development planning which has been explicated in Chinese Voluntary Commitment to reduce the carbon emissions. Under the new normal of Chinese economy, these forest carbon sequestration plans could be achieved? What are the potential and challenges of sequestering carbon in China's forest ecosystems? What are the impacts on the role of the forest sector in global warming of new scenarios such as the adjustment of economic growth, carbon trading and forestry reforms? How to establishment the path to promote the carbon sequestering in China's forestry ecosystems? These are questions that need to be answered.

In China's academic circles, the research on forestry carbon sequestration potential and related mechanism is still a new field. The dynamic and quantitative researchs based on the economic theory, combined with an interdisciplinary approach and taking into account the macro economic and social environment are especially lacking. This study based on economics theoretical framework, considering the important economic and social variables in reality, use econometric model, spatial partial equilibrium model and carbon sequestration model to analyze and project the potential of carbon sequestrating in China's forest sector, which has theoretical and realistic significance. In this study, specific research contents and conclusions are as follows.

Firstly, theoretical research. This study discusses theoretically the economic attributes of forest carbon sequestration, the market failure on supply, and the relationship between economic growth and the utilization of forest resources. The main conclusions include forest carbon sequestration is a global public goods, and there are three main approachs to solve the supply problem which including market, government and self - governance approaches. Besides, the study also indicates forest ecosystems and society are coupled system with feedback loops, and resource utilization and management under certain socio - economic system has led to the change of forest resources stock.

Secondly, the analysis on the forest resource status and the role of the forest sector in the carbon cycle of the world and China. The result shows the utilization and management determine the role of the forest sector in the carbon cycle. It also demonstrates that the dynamic of China's forest resources and forest carbon stock as an U -

shaped curve with a turning point in the late of 1970s, which driving by the economic and institutional evolution. A panel data model of China's provinces in 2003—2013 hads was used to analyse the relationship between forest stock and socio - economic variables. The results of fixed effects show that forest stock consumption and GDP per capita have a EKC relationship without considering other factors in the case; the low quality of forest is the main obstruction for carbon sequestration potential in China forest sector; these is a harmonious and symbiotic relationship between forestry and agriculture; and natural Forest Protection Project has increased forest carbon stock significantly.

Thirdly, the explanation of the method to project the forest carbon stocks in future. It clarifies the assumptions, structure, basic principles and data sources for the Global Forest Products Model (GFPM) at first; then explained an IPCC forest carbon model including the definition, calculation method and parameter settings which have been used in this paper. The basic logic of this research method include three steps, which are: 1) setting exogenous variables firstly; 2) then using GFPM model to simulate forest stock dynamic change under such exogenous shocks; 3) finally Using the IPCC model to estimate forest carbon stock.

Fourthly, the projection of carbon sequestration potential in China's forest ecosystems during 2015 to 2030. It defined three groups of major and most critical scenarios for China's forestry development, which including "Economic Growth Adjustment", "Carbon Emission Trading", and "Forestry Reform". Then projected forest carbon stock under each scenario. The main conclusions include: 1) Chinese forest carbon sequestration plan can be completed on schedule; 2) The contribution rate of forest carbon sinks to carbon emission reduction targets in 2030 could be 4. 87%；3）China's net forest carbon sinks could be 109. 94～131. 72Tg C/a in 2015—2030；4）Chinese forest biomass carbon stocks are expected to 8. 64～8. 97Pg C in 2030. The results also imply that China has the potential for development of forestry carbon sinks，but the main constraint is the low level of forest stock on per unit area. Modest reduction in economic growth rate helps to reduce the demand and consumption of timber resources，thus contributing to increasing the supply of forest carbon sequestration services. Carbon price is a positive impact on the supply of forest carbon sinks，but the size of this effect is dependent on the price elasticity of supply of forest carbon sinks. In the long run，stop commercial logging of natural forests will not have a significant impact on domestic timber production，because of the substitution effect of plantation timber production to native forests，which is a Pareto improvement.

Fifthly，the proposal for the policy approaches to promote carbon sequestration in China's forestry sector. The study clarifies the principal forest carbon sequestration strategy，and analyses the status and constraints of carbon markets and the ecological compensation program. It also analysis explicit forest carbon sink strategies for diverse area in China，and proposes a whole institutional framework.

In a word，the basic proposition of this thesis is that the forest ecosystem and the social system are coupled. The output of the social–ecological system is depended on interaction between the subsystems，the level and the variables inside the system. The social variables such as economic growth，institutional change are inputs into the system，and the dynamic change of forest ecosystem services supply is the output. And such input–output relationship is circulation feedback loop. We must realize the virtuous cycle between such input and output as mentioned through institutional innovation.

The innovation of this paper includes the following aspects:

First, the innovation of the research content. Quantitative studies of forest carbon sequestration in China are focus on natural science. Because of the differences of subject attributes, the related studies are usually lacking in the consideration of economic and social variables. In fact, resource utilization subjected to economic and social environment is the determinant of the role of forest ecosytems in carbon cycle. These socioeconomic variables include not only the changes in demand and preference caused by economic growth, the role of price mechanism to forest resources allocation, and the change of forest management mode in the process of climate change, but also the impact of open economy, such as the division of labor and forest resources in the global economic integration. These important factors that affect the potential of forest carbon sequestration in China were neglected in the past studies, but also extremely important. Therefore, this study focused on the effects of exogenous variables on the dynamic changes of forest resources and forestry carbon sequestration potential in China is the innovation of study content.

Second, innovation in the perspective of research. Whether from the world, or from China, human disturbances which decide by social and economic development and institutional change are the key factors to determinate the role of forest ecosystem in the carbon cycle. Economic, social, environmental, and other variables or constraints on forestry activities affect the forestry activities and the potential of carbon sequestration of forest ecosystem. There are multiple interactions and cycle of feedbacks between these variables. Therefore, the research angle of view can not only be limited to a one –

way causal link, but from the perspective of economic and social development and forest ecosystem coupling to explain "why is this?", as well as, "what would happen?". This is also the innovation of this study in the perspective of research.

Third, possible innovation in research methods. The research of forest carbon sequestration potential, not only need to consider the biophysical attributes of forest ecosystems, but also to take into account the economic and social attributes, so it has the characteristics of cross discipline. This interdisciplinary study combines the forest carbon stock and flux estimation methods of natural subject with economics analytical framework, which has innovation in research methods.

Key words: the Potential of Sequestering Carbon in Forest Sector; Forest Carbon Sequestration; Development Scenarios; GFPM; Socio‑Ecological Systems

目　　录

第1章 绪 论

1.1 研究背景与问题提出

1.1.1 研究背景

纵观历史，人类行为对环境的影响很大程度上是人类欲望和为满足这种欲望而创造的组织和技术的副产品（Stern，2000），而最后这些影响又会通过生态系统和社会系统之间的相互作用而反馈给人类自身。工业革命极大地提高了劳动生产率，改善了物质贫乏的状况，给人类社会带来了财富和繁荣。但是这种粗放的经济增长方式也存在环境负外部性，从而导致了严重的环境污染。温室气体过度排放是其中最为严重的问题之一。工业革命以来，温室气体排放显著增加。据估计，从工业化革命开始到 2000 年人类累计排放二氧化碳 280Pg C（Prentice et al.，2001）。尤其是 2000 年以后，二氧化碳排放强度随着经济增长而不断提升，相对于 20 世纪 90 年代年均增长 1.3%～3.3%（Canadell et al.，2007）。如果继续保持当前的化石能源碳排放量和碳汇水平，估计从工业革命开始到 2400 年，人类碳排放总量将达到 5 000Gt C（Caldeira & Wickett，2003）。

大气中二氧化碳的浓度与气候变化存在强烈的因果关系，而全球变暖是气候变化的主要表现（IPCC，2012；Zickfeld et al.，2012）。政府间气候变化专门委员会（IPCC）指出："气候系统变暖毋庸置疑，在1880—2012 年期间，全球平均陆地和海洋表面温度升高了 0.85℃，过去三个十年的地表温度已连续偏暖于 1850 年以来的任何一个十年"（IPCC，2013）。尽管学术界对于气候变化过程和原因仍然存在争议，但至少对工业化革命以来的气候变暖原因已达成共识（Oreskes，2004），即"人类影响极有可能是 20 世纪中期以来观测到的升温的主导原因"（IPCC，2013）。气候变暖程度的加剧极有可能导致严重的、普遍的和不可逆转的影响，例如，淡水资源短缺，陆地和淡水物种灭绝，海岸地区和低洼地淹没或被侵蚀，渔业生产力和生态系统服务不可持续，粮食短缺，贫困和疾病，暴力冲突和战争风险等（IPCC，2014）。21世纪的今天，气候变化危机与经济增长、能源危机、粮食安全、消除贫穷、和平稳定等问题交织在一起，成为人类社会面临的严峻挑战。

虽然化石燃料的使用是二氧化碳排放的主要原因，但是陆地生物圈也在碳循环中起到重要作用。因此减少二氧化碳排放和增加陆地生态系统碳汇是减缓气候变化的主要策略。全球陆地生态系统每年从大气中移除的人为碳排放将近 3Pg C（Canadell et al.，2007）。森林生态系统是构成陆地生物圈的主体，贮存了陆地生态系统中 90%的植物碳和 80%的土壤碳（Whittaker & Likens，1973，Olson et al.，1983；Dixon et al.，1994），总碳储量相当于大气中碳含量的两倍（FAO，2006）。IPCC 第二次评估报告指出，林业碳汇潜力巨大，1995—2050 年通过世界范围的造林和再造林活动有可能固碳 60~87Gt C，相当于同期碳排放的 12%~15%（Brown, et al.，1996），并且森林碳汇相对于工业减排更加具有成本优势（Andrasko，1990；Brown et al.，1996；Richards & Stokes，2004）。但是，从碳储量变化（Carbon Flux）的角度，既定的森林生态系统既可以是碳汇也可能是碳源，取决于森林资源存量的动态变化。据估计，历史上土地利用变化导致的碳排放上限值约为 200~220Pg C，大部分是由毁林造成的。假定其中四分之三碳排放量是由森林损失导致的，并能够通过 100 年内的再造林还原，那么森林生态系统的碳汇潜力约为每年 1.5Pg C，到 2100 年能够使大气中二氧化碳浓度降低 $40 \times 10^{-6} \sim 70 \times 10^{-6}$；相反，彻底的毁林将使二氧化碳浓度增加 $130 \times 10^{-6} \sim 290 \times 10^{-6}$（House et al.，2002）。虽然这些都是极端的估计，但说明了森林资源利用方式在应对气候变化和可持续发展中的重要性。而最为根本的，还是需要从经济增长、制度变迁的角度来探讨，怎样的发展方式才能使社会的森林经营行为从破坏、无序经营转变为保护、有序经营和可持续利用。

从经济属性看，森林碳汇是一种全球性公共物品，生产总量取决于最弱环节的最低投入，也需要大量、持续"最优注入"（Hirshleifer，1983）。因此林业减缓气候变化的重点，不仅仅需要那些成功实现森林转变或转型的国家继续保持和扩大森林碳汇供给，还需建立一定激励机制使那些尚处于毁林阶段的国家减少毁林和森林的退化。增加森林碳汇供给的主要方式包括：通过造林或再造林增加林地面积；从林分和地貌尺度增加森林的碳密度；通过林产品对化石密集型产品的替代作用减少碳排放；减少毁林和森林退化导致的碳排放（Canadell & Raupach，2008）。这些策略也被国际社会高度重视，纳入了气候谈判的议题。例如，《京都议定书》的清洁发展机制（CDM）允许和鼓励发达国家和发展中国家通过土地利用、土地利用变化和林业（LULUCF）活动增加陆地生态系统的碳汇（UNFCCC，2011）。哥本哈根协议（2009）更进一步提出"减少滥伐森林和森林退化引起的碳排放是至关重要的"，需要建立起包括 REDD+在内的激励机制。

需要指出的是森林碳汇服务仅仅是森林生态系统所提供的诸多生态服务中的一种，并且这些服务在供给上是不可分割的。在提供碳汇服务的同时，森林生态系统还在保持生态平衡、调节气候、维护生物多样性、水文服务等方面有着多样的功能，这些生态服务对于维持人类生存发展都是不可或缺的。因此林业碳汇是一项必要的，具有综合效益和成本优势的应对气候变化策略。

1.1.2 问题提出

改革开放以来，中国经济经历了 40 年的高速增长，人均 GDP 增长了近 12.5 倍，成为了世界第二大经济体，但也导致了资源短缺和环境恶化。2012—2013 年中国成为世界第一大碳排放国（Friedlingstein et al.，2014），承受着来自国内以及国际社会的巨大减排压力。但同时，中国仍然是一个发展中国家，面临发展经济、消除贫穷、改善环境和应对气候变化的多重挑战。因此必须调整经济结构，转换经济增长方式，由投资驱动转变为依靠技术进步和效率提高驱动，实现低碳、绿色和可持续发展。

面对资源约束趋紧、环境污染严重、生态退化严峻的发展形势，党的十八大以来，中国将生态文明建设提高到了新的战略高度，要求建立系统完整的生态文明制度体系，划定生态保护红线，并且肯定和强调了保护森林在生态文明建设中的基础性作用，提出了以生态建设为主的林业发展战略。林业碳汇相对于工业减排更加具有成本有效性，成为中国应对气候变化行动的重要策略。2007 年，《应对气候变化国家方案》提出增加森林碳汇是中国应对气候变化的重点领域之一；同年 APEC 会议上，中国正式对外宣布"通过扩大森林面积、增加 CO_2 吸收源的削减温室气体排放方案"（中国减排"森林方案"）。最为重要的是，在中国两次对外发布的自主减排承诺中，都明确提出了应对气候变化的林业碳汇发展目标。其中 2009 年的自主减排承诺明确提出："到 2020 年，森林面积比 2005 年增加 4 000 万 hm^2，森林蓄积量比 2005 年增加 13 亿 m^3"；2015 年的自主减排承诺进一步提出："到 2030 年，森林蓄积量比 2005 年增加 45 亿 m^3 左右"。

过去的 40 年，中国通过积极的森林资源保护措施和生态修复政策，成为世界森林面积净增长最大的国家，为应对全球气候变暖作出了重要贡献。在中国当前的发展形势下，森林生态系统与社会系统之间能否实现和谐互动和良性循环，应对气候变化的林业碳汇发展目标能否如期达成，中国林业碳汇发展是否具有潜力，有哪些约束条件，"经济增长放缓""碳交易""林业改革"这些重要的、现实的发展情景，对林业碳汇潜力有怎样的影响，应该建立怎样的发展路径？这些都是亟待解决的问题。

1.2 研究目的与意义

1.2.1 研究目的

怎样的资源利用方式才能够扩大森林碳汇供给，有效避免森林破坏、退化导致的碳排放，是当前应对气候变化的关键性问题之一。这些资源利用方式背后有怎样的驱动机制，社会系统和森林生态系统之间存在怎样的互动关系，如何通过建立两者之间的良性互动，增加森林碳汇服务的供给，从而强化中国减缓和适应气候变化的能力，是本研究主要的目的。具体包括以下方面：

（1）从经济学理论出发，探讨森林碳汇的经济属性、供给问题，经济增长对森林资源利用的影响，社会系统和森林生态系统的关系。

（2）从实证的角度，分析经济社会变量对中国森林资源存量和碳储量的影响，识别其中的关键性因素。

（3）从发展的角度，探讨在开发的经济下，经济增长率降低、碳交易、林业改革将会对中国森林资源利用和森林碳汇产生怎样的影响。中国林业碳汇发展是否具有潜力，有怎样的约束条件，如何才能实现经济和环境两部门产出投入的良性循环。

（4）提出中国林业碳汇发展策略和制度框架。

1.2.2 研究意义

1. 理论意义

森林碳汇的经济学研究在国际上已经走过了 30 多年的发展历程，日趋成熟和完善，主要表现为跨学科的交流与合作，以及全球性动态分析框架和模型的深度发展。但在中国国内相关的经济学研究仍然较为薄弱，以经济学分析为基础的交叉学科研究，以及面向未来的研究尤为少见。本研究在经济学理论分析和实证研究的基础上，还采用了基于交叉学科的研究方法，通过空间局部均衡模型和 IPCC 碳汇模型的结合，对未来不同发展情景下森林资源存量和碳储量进行了预测，具有重要的理论意义。

2. 现实意义

通过对森林生态系统和社会系统之间互动关系的探讨，能够建立起正确的价值观念，有助于资源可持续性利用，实现人与自然的和谐发展。通过对森林碳汇的经济学研究，能够厘清森林碳汇的经济学属性，识别在社会经济活动中森林碳汇的供给与需求的本质规律。通过对中国林业碳汇基于历史、现实和未来的研究能够分析出中国林业碳汇发展潜力和约束条件，建立起中国林业碳汇发展制度框架。上述内容能够为相关政策制定提供重要依据，对于增强我国林业应对气候变化能力，具有重要的现实意义。

1.3 关键概念与研究对象

1.3.1 关键概念

1. 森林碳汇

从生物物理属性看，森林生态系统是有能力累积或者释放碳的贮存所或者系统，其中累积碳的过程即为"森林碳汇"（Carbon Sequestration），或称"森林固碳"。也可以表述为：森林生态系统通过光合作用从大气中吸收二氧化碳，并贮存在森林植被中，形成"森林碳库"（Carbon Stock）的过程、活动或者机制。"森林碳库"即森林碳储量，是存量的概念，指森林生态系统的碳含量。从森林碳库的变化来看，当损失大于增加时，碳库减少，森林生态系统在碳循环过程中表现为碳源（Carbon Source）；当增加大于损失时，森林生态系统累积碳，在碳循环过程中表现为碳汇（Carbon Sink）。

从经济学角度来看，"森林碳汇"的概念强调的是森林吸收和贮存碳的能力、功能或过程，以及这种功能在减缓温室气体变化中的作用。因此经济学中"森林碳汇"是一种非市场化的、无形的森林生态系统服务，具有公共物品属性或者外部性。由于森林碳汇的溢出效应超出了国界、地域、人群和代际的界限，因此是一种全球性公共物品。

由于本研究具有交叉学科的研究，相关的理论研究既建立在"森林碳汇"经济学属性的基础上，又有对其生物物理属性的探讨。

2. 林业碳汇

"林业碳汇"是指通过实施造林再造林、森林管理、减少毁林等活动，促使森林碳汇增加并与碳汇交易等相结合的过程、活动或机制，其既有自然属性，也有社会经济属性（李怒云，2007）。"林业碳汇"与"森林碳汇"的区别在于，森林碳汇是一种森林生态服务，而林业碳汇是通过林业活动增加这种生态服务供给的过程或机制。

3. 林业碳汇潜力

"林业碳汇潜力"是基于一定假设条件下的"森林碳汇供给能力"或者在一定条件下有可能实现的减缓温室气体排放的潜能。这一概念不仅基于森林生态系统吸收和储存碳的生物物理属性，更强调这些属性与经济活动和其他可能的外生冲击的关联。

4. 森林碳汇市场交易

"碳市场"指为规制包括二氧化碳在内的温室气体排放，而人为产生的排放权交易市场，按照性质的不同可分为规则市场（京都市场）和志愿市场（非京都市场）。"森林碳汇市场交易"或称"森林碳抵消项目（Forest Carbon Offset）市场交易"，是指以林业碳汇活动取得碳信用（Carbon Credit）为标的物的交易机制。具体的过程包括：某碳市场允许森林碳汇项目进入市场交易，并公布相关的标准、程序等；森林碳汇的供给者（卖方）按照该标准发展森林碳汇项目，通过核证取得碳信用，通过交易机制获得碳补偿；而买方则通过购买碳信用抵消碳排放或者实现碳中和。

5. 气候变化

"气候变化"指气候状态的变化，而这种变化可通过其平均值和/或变率的变化予以判别（如通过统计检验），这种变化会持续一段较长时期，通常为几十年或更长时间。气候变化也许是由自然的内部过程或外部强迫引起的，如太阳周期的改变、火山喷发等；或者是由持续人为活动引起的大气成分或土地利用变化导致的（IPCC，2013）。

1.3.2　研究对象

本研究的对象为：中国通过林业发展增加森林碳汇服务供给的能力，以及各类经济社会变量影响下森林碳汇服务的最终产出。

1.4　研究方法与技术路线

1.4.1　基本方法

1. 交叉学科的研究方法

"林业碳汇"这一研究对象具有生物物理属性和社会属性。因此这一双重属性的基本特征决定了必须使用交叉学科的方法。本研究在探讨森林碳汇的经济学本质和相关发展机制时，运用了"公共物品和外部性"理论、"生态系统服务补偿"理论和"社会—生态系统"理论；在研究森林碳储量影响因素时使用了基于面板数据的计量模型；在探讨经济、市场和制度这些外生冲击对森林资源动态变化和林产品市场的影响时，运用了基于空间局部均衡方法的 GFPM 模型；在估计林业碳汇潜力时，使用了基于《2006 年 IPCC 国家温室气体清单指南》的"平均换算因子"森林生物量估计方法和"库—差别方法"。

2. 计量经济学方法

计量经济学方法是当前经济学领域强大的分析工具和主流的研究方法。本研究通过收集我国省级经济发展数据、森林资源数据、农林业生产数据和林业重点工程投资的面板数据，建立了面板模型。在此基础上，基于当前的林业建设和经济社会发展的实际情况对我国森林蓄积量和社会经济变量之间的关系进行了实证分析。分别用混合 OLS，固定效应和随机效应的估计方法对模型进行了估计，并通过 F 检验、Breusch‑Pagan LM 检验和 Hausman 检验，对估计结果进行了检验。

3. 空间局部均衡方法

由于林业部门在我国经济总量中所占的比例较小，所以一般均衡模型并不适用于探讨外生冲击对林业部门的影响，而局部均衡模型对林业的基本假定更加符合中国的实际情况。在开放的经济下，考虑到中国的大国效应，运用基于国际视角、多市场、多区域的动态局部均衡模型对中国森林资源动态变化及林业碳汇潜力进行研究是十分必要的。

4. 文献研究法

科学研究过程中，大量的文献检索和阅读是研究的基础性工作。某些时候甚至可能是一项研究的起点。通过文献的阅读和梳理，能够把握某一个研究问题在学术界的研究进展，既包括研究的深度和广度，也包括研究的重点与动向。文献阅读更能够为处于混沌状态的思索者打开一扇门，帮助其厘清思路，使其顺着前人的步伐继续前行，从而有可能站在巨人的肩膀上，鸟瞰世界、展望未来。本研究建立在大量经典和前沿文献的检索、阅读的基础上，这些闪光的人类智慧，为本研究提供了重要的借鉴和参考。例如，Ostrom 的《社会—生态系统可持续性分析的一般框架》（2009）是本研究中重要的理论依据；而在林业碳汇潜力预

测的部分，Sohngen 和 Mendelsohn（2003）、Golub 等（2009）、Nepal
等（2012）将林产品市场模型与碳汇估计模型有机结合的研究方法为本
研究提供了基本思路。

1.4.2　技术路线

本研究首先通过理论回顾，对森林碳汇的经济学属性，森林生态
系统与社会系统的关系进行了理论探讨；其次基于描述性分析和计量
经济方法对中国森林资源存量和森林碳储量，及其影响因素进行了分
析；再次通过 GFPM 模型模拟出三类情景下中国森林资源存量的动态
变化，并在此基础上使用 IPCC 碳汇模型估计出相应的森林碳库和碳
汇量，从而估计出中国林业碳汇潜力；最后在林业碳汇策略和供给途
径分析的基础上，提出了中国林业碳汇发展路径。具体的结构框架如
图 1.1 所示。

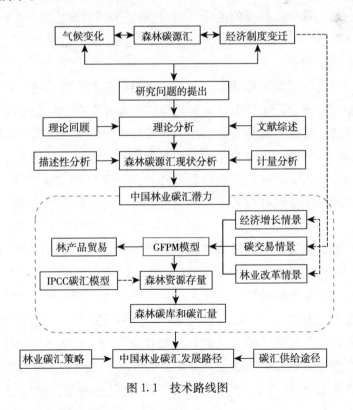

图 1.1　技术路线图

1.5 研究的结构框架

本研究共由 9 章组成，具体结构框架如下：

第 1 章绪论。首先阐述了选题的宏观背景，由此提出研究的问题、目的和意义；然后对关键概念和研究对象进行了界定，并说明了研究采用的方法和技术线路；最后给出了本研究结构框架，并就可能的创新之处和研究的不足之处进行了论述。

第 2 章理论基础和文献回顾。在理论基础的部分，重点阐述了公共物品和外部性理论、"社会—生态系统"理论和生态系统服务补偿理论，并在此基础上对森林碳汇的基本属性、供给问题，以及解决供给问题的三种途径（政府途径、市场途径、自主治理途径）进行了论述。在文献综述部分就当前森林碳汇研究领域最为主要的几大研究问题进行了回顾，分别是"森林碳储量的估计""林业碳汇的潜力评估""林业碳汇的成本研究"。此外还对林产品市场研究的模型进行了述评，为后续的研究内容进行了铺垫。

第 3 章森林碳源汇现状分析。这一章侧重于现状的描述，并进行了历史数据的实证分析。首先，对世界森林资源分布和森林碳源汇的状况进行了概述，分析了森林资源利用和碳源汇作用的影响因素。其次，对中国森林资源状况、森林碳储量的动态变化和林业碳汇发展目标，进行了详细论述。再次，探讨了森林资源存量与社会经济变量之间的关系，对中国森林蓄积量和碳储量的影响因素进行了基于省级面板数据的实证分析。

第 4 章林业碳汇潜力研究方法。主要介绍了在后续 3 章（第 5～7 章）中使用的研究方法。基本的思路是将林产品市场模型与碳汇估计模型相结合。首先识别对林业发展产生重大影响的关键性外生变量，根据这些变量设定发展情景；其次通过林产品市场模型模拟这些情景对森林资源和林产品贸易的影响；最后利用模拟结果获得的数据，通过 IPCC 的碳汇模型计算出森林碳库及其碳源汇的情况。因此本章分为两部分内容：首先是对全球林产品模型——GFPM 的假设前提、结构、基本原理和数据来源进行阐述；其次对研究中使用的森林碳汇模型进行详细说明，包括概念界定、计算方法和参数设定。

第 5 章经济增长情景下中国林业碳汇潜力。着重分析了经济新常态对中国林业碳汇潜力的影响。首先以"环境库兹涅茨曲线"和"社会—生态系统"理论为基础探讨了经济增长与森林资源存量变化之间的关系；然后设定了两种不同经济增长情景，分别是基准情景（与实际情况相对应）、高增长情景；再通过 GFPM 模拟出这两种情景下，中国森林资源存量的动态变化；最后利用 IPCC 碳汇模型估计出森林碳库和碳源汇的情况，并对研究结果进行了说明和分析。

第 6 章碳交易情景下中国林业碳汇潜力。主要分析了碳价这一政策工具对林业碳汇潜力的影响。首先就碳价实行对林产品供求和贸易的影响进行了理论分析；然后通过文献研究和资料收集，设定了高低两类碳价水平；再通过 GFPM 模拟出不同碳价水平下，森林资源和林产品市场的动态变化；最后通过 IPCC 碳汇模型估计出森林碳库和碳源汇的情况，并对研究结果进行了分析。

第 7 章林业改革情景下中国林业碳汇潜力。全面停止天然林商业性采伐和国有林场改革是本章主要考虑的发展情景。首先就林业改革政策对中国森林资源和木材生产和贸易的影响进行了理论分析；然后根据国家相关文件和二手资料设定了"天然林禁伐情景"和"天然林禁伐＋国有林场改革"情景；再通过 GFPM 模拟出不同林业改革情景下，森林资源和林产品市场的动态变化；最后通过 IPCC 碳汇模型估计森林碳库和碳源汇的情况，并对研究结果进行了分析。本章小结还对第 5～7 章所有的发展情景进行了比较和分析。

第 8 章林业碳汇发展路径研究。本章内容介绍了主要的林业碳汇策略；国际国内碳市场，生态补偿机制的发展情况和约束条件；在分析中国各区域森林资源特点的基础上提出了相应的林业碳汇发展策略；最后提出了中国林业碳汇发展的制度框架。

第 9 章研究结论和政策启示。本章对全书进行了归纳与总结，并在此基础上提出了政策启示。

1.6　可能的创新之处

1. 研究内容上可能的创新

学术界以中国森林碳库和森林碳源汇为对象的研究多出现在自然学科领域。研究的重点是基于历史数据的森林碳库及其变化的估计。而实际上森林资源存量的消长不仅仅有其自然规律，更为重要的是取决于资源利用的方式。决定资源利用方式的是社会发展的宏观环境，其中不仅包括经济增长导致的需求和偏好的变化，价格机制对森林资源配置的作用，应对气候变化过程中森林经营管理方式的转变，还包括开放经济带来的影响，如全球经济一体化导致的森林资源利用方式的分工和资源的再分配等。上述重要因素对于中国林业发展和林业碳汇潜力的影响，是已往的研究所忽略的，但也是极其重要的内容。因此本研究重点考虑了上述外生变量对中国森林资源动态变化和林业碳汇潜力的影响，具有研究内容的创新。

2. 研究视角上可能的创新

不论是从世界范围，还是从中国来看，历史上和现实中人为因素对森林演替过程的干扰是森林资源动态变化，从而使森林生态系统成为碳源或者碳汇的主要原因，而这背后最为根本的缘由是社会经济发展和制度变迁。因此社会发展和森林生态系统碳源汇的作用相互影响、循环反馈、互为因果。在优质的生态环境正逐渐成为稀缺资源的背景下，强化森林碳汇对于减缓气候变化的作用，需要正确理解森林生态系统和社会系统之间的关系。森林生态系统并非独立于社会系统之外，而是嵌入到社会系统之中。经济、社会、环境等变量或约束条件对林业活动及其碳汇潜力构成影响，并且这些变量之间存在多元互动和循环反馈的关系。因此研究视角不能仅仅拘泥于某一种单向的因果联系，而是需要从经济社会发展与森林生态系统耦合的角度来解释"为什么"，以及解答"如果怎样就会怎样"。这也是本研究在研究视角上可能的创新。

3. 研究方法上可能的创新

林业碳汇潜力的估计和相关机制的研究，不仅仅需要考虑森林生态系统的生物物理属性，更要考虑其经济社会属性，因此具有交叉学科的特点。本研究以经济学为基本的分析框架，也结合了自然学科的森林碳库和碳源汇估计方法，是交叉学科的研究。首先通过基于国际视角、多市场、多区域、动态的局部均衡模型分析了经济、市场和制度变迁对中国森林资源动态变化和林产品生产、交易的影响，然后在此基础上利用基于"平均换算因子"森林生物量方法和"库—差别方法"估计了上述外生变化下中国森林碳库及其动态变化。因此具有研究方法上的创新。

1.7　研究的不足之处

虽然林业碳汇减缓气候变化的作用已被中国政府高度重视，被纳入中国应对气候变化行动。但总体上"森林碳汇"和"林业碳汇"在中国仍然是新生事物，相关项目的开展也十分有限。不仅仅普通大众缺乏对相关概念的认知，在学术界相关的经济学研究也相当薄弱。理论研究并非空中楼阁，需要从实践中来到实践中去；也不可能一挥而就，更需要长时期的积累、学习和借鉴。因此上述因素也造成了本研究的局限性。

（1）以国家层面、区域层面、省级层面的宏观、中观研究为主，尚未从实证的角度考虑森林碳汇供求微观主体在应对气候变化中的作用。

（2）数据收集方面，由于本研究的目标和对象是基于国家层面的宏观研究，尚未涉及微观经营主体，主要使用了中国国内各类统计年鉴数据和 FAO 数据。对实际情况的调研工作仅限于林业部门关键性信息人的访谈和二手资料的收集，并没有大规模的问卷调查。

第2章 理论回顾与文献综述

2.1 理论回顾

2.1.1 公共物品和外部性

公共物品（Public Goods）的概念最早可以追溯到 18 世纪。1776 年 Adam Smith 指出有一类产品很可能为大众带来利益，但这种产品的投入却无法获得利润，因此个人或少数人构成的组织无法生产此类产品。Adam Smith 认识到市场在提供这类产品上的局限，认为政府必须承担此责（Kaul et al.，2003）。1954 年 Samuelson 的《公共开支纯理论》为公共物品理论奠定了基础。Samuelson（1954a）将公共物品的定义界定为"每个人对这种物品的消费不会减少他人对这种物品消费的产品"。公共物品是与私人物品相对的一个概念。与私人物品相比较，公共物品的消费具有非竞争性和非排他性。非竞争性是指任何人对公共产品的消费不会影响其他人同时享用该公共物品的数量和质量，即边际拥挤成本为零；以及在现有供给水平上，新增消费者不需增加供给成本，即边际生产成本为零。而排他性是指任何人消费公共物品不排除他人消费，原因在于从技术上无法实现，或排除成本很高。Samuelson（1954）比较了私人物品和公共物品有效供给之间的差异，私人物品的有效供给要求边际生产转换率等于边际消费替代率；但公共物品要求边际生产转换率等于其边际消费替代率的总和。因此，消费者偏好判断是公共物品有效供给的充分必要条件。而事实上，由于非排他性，消费者不一定会显示自己的偏好，不会支付成本，从而可能产生搭便车的行为。因此公共物品供给无法完全市场化，一般会低于最优供给的均衡水平，出现市场失灵（Bator，1958；Davis & Hulett，1977）。供应此类物品需要政府采用公共预算和税收手段，以及建立一定的合作机制。正如 Coase（1974）所述：在现代经济中市场并不是产品和服务供给的唯一机制。

Cornes 和 Sandler（1996）提出公共物品，尤其是纯公共物品，应该是外部性的特例。外部性是个人或者组织一定行为对公众产生的溢出效应。如果私人成本不等于社会成本，就存在所谓的外部性。Pigou（1920）认为群体之间为解决外部性问题而产生的交易成本十分高昂，因此政府干预是必要的；政府可以通过混合使用税收和补贴来校正外部性；如果是正的外部性，应该对其补贴；如果是负的外部性，应该收税。二氧化碳过度排放导致的温室效应就是负的外部性，社会承担的成本大于企业的成本，这导致了社会分配中的不公平和非效率。按照 Pigou 的理论，应该对过度排放二氧化碳的个体或者组织征收"庇古税"，对提供碳汇的个体或组织予以补贴，来校正环境污染的不公平和非效率。Coase（1960）则认为：只要财产权是明确的，并且交易成本为零或者很小，那么无论初始产权状况如何，市场均衡的最终结果都是实现资源配置的帕累托最优。Coase 为资源治理提供了市场化途径，是碳排放权交易的理论基础。而 Ostrom（1990）在《公共事务治理之道》一书中围绕"多中心的竞争与合作"，提出了政府管理和私有化之外的第三条途径，即设计由资源使用者组织和管理的持久合作制度，去克服搭便车等问题，以实现持久性共同利益，从而避免"公地悲剧"。环境对温室气体的最大容量是一种全球公共物品，如果按照"公地悲剧"理论，所有资源利用者都会倾向于过度使用，从而造成资源的枯竭。但是大量的案例研究表明"公地悲剧"是可以通过资源利用者自主的集体行动克服的（Ostrom et al.，1994；Berkes et al.，1998；Ostrom et al.，2002；Dietz et al.，2003）。通过改变制度条件，增强资源利用者之间的交流，采取有效的监督和核查措施，设立有效的争议解决机制，对过度利用者实施惩罚等，能够提高资源利用者的合作水平，从而减低对资源获取的速度和数量（于晓华，2010）。国际气候谈判，围绕谈判达成的合作框架公约、协议等，以及协议之后的履约、监督、核查等都验证了 Ostrom 的理论。

当公共物品的溢出效应或者外部性超出了国界、人群甚至代际的界限，就成为全球性的公共物品。Kaul 等（2003）主编的 *Providing Global Public Goods：Managing Globalization*，根据公共物品使消费者获得收益或者损失，将全球性的公共物品分为全球公共物品（Global Public Good）和全球公共劣品（Global Public Bad）。例如，全球气候变暖是一种典型的全球公共劣品。相比之下，森林碳汇在维护大气稳定中的作用就是一种典型的全球公共物品。按照 Kaul 等（1999）的定义，全球公共物品必须满足两个标准：第一，必须具有公共物品的非排他性和非竞争性；第二，全球性公共物品带来的福利是惠及大众的，至少覆盖多于一组的国家；受益者包括不少人群并且最好是所有人类，能使几代人受益或者至少满足当代人需求但又不妨碍下一代发展的权利。但由于这个定义过于严苛，其后 Kaul 等（2003）又提出一个更具包容性的定义：当一种产品的受益者不仅仅局限于一个国家、一个群体，并且对任何人群或者代际都不偏不倚，那这种产品应该就是全球公共物品。根据 Hirshleifer（1983）的研究，由于公共物品生产函数并非均匀统一，生产总量取决于最弱环节的最低投入，即"最弱联系"（Weakest‐Link），对公共产品供给贡献最小的国家往往决定了供给的总量；同时，全球公共物品供给也需要大量、持续"最优注入"（Best‐Shot），因此需要所有国家的共同努力。与传统公共物品相比，全球公共物品在供给上更加具有复杂性。当前，利益高度分化的世界并没有形成一个与国家政府相对等的国际政府，可以有效解决外部性国际化与各国政策制定之间的矛盾。如何有效改善全球公共物品的供应，Kaul 等（2006）认为改革公共政策制定的程序是关键。

2.1.2　生态系统服务补偿

生态系统服务（或称生态服务）（Ecosystem services）[①] 是人们从生态系统系统中获取的收益（MA，2003，2005）。除了部分有形的产品（如食品、木材等），大多数的生态系统服务以外部性或非市场价值

---

① 按照千年生态系统评估（MA，2005），生态系统服务包括：供应服务，如提供食品、水、木材和纤维；调节服务，如影响气候、洪水、疾病、废弃物和水质；文化服务，如提供休闲、审美和精神收益；支撑服务，如土壤形成、光合作用和营养循环。

的形式存在（如森林碳汇服务）。生态系统服务是人类赖以生存的基础。1960 年至 2000 年之间，随着人口增长和经济发展，世界对生态系统服务需求显著增加，但同时全球三分之二的生态系统服务都在减弱（MA，2005）。生态系统服务的公共物品特性或者外部性，不完善的产权制度，以及信息、知识的不充分等导致了市场失灵（Tietenberg，2006）。实现这类物品的有效供给，必须建立一定的生态系统服务补偿（Payment for Environmental Services，PES）机制将这种外部性或者非市场的价值内部化（Pagiola and Platais，2007）。Wunder（2005）将 PES 定义为："以一种能很好界定的生态系统服务为交易标的，当且仅当服务提供者能够保证该服务供给的条件下，至少超过一人数量的消费者，与有至少超过一人数量的提供者，开展的一种志愿的交易机制"。庇古税（Pigou，1920）、科斯定理（Coase，1960）以及 Ostrom（1990）的自主治理思想都为 PES 机制的建立提供了理论依据。

由于森林固碳作用是一种公共物品，在实施生态服务补偿之前，森林资源所有者提供了森林碳汇服务，但却并不能够从中获得收益；大众消费了这种服务，却无需承担费用，于是私人边际成本大于社会边际成本，产生了正的外部性，无法对生产者有效激励。可能使土地利用方式向森林经营之外的其他方式转换，从而让社会承担二氧化碳排放和其他生态系统服务损失导致的成本。理论上森林资源所有者获得的最高补偿（P_{max}）应该是所有对外溢出的生态服务的价值。最低补偿（P_{min}）则是其他土地利用方式的机会成本与当前森林经营收益的差额。如果通过补贴、税收、市场交易或者合作机制等建立 PES 机制，使得森林资源所有者获得的补偿额 P，并且使 $P_{min} < P < P_{max}$，那么森林资源所有者和生态服务消费者的福利都得到改进。如果 $P > P_{max}$ 会超出消费者支付意愿，如果 $P < P_{min}$ 则卖方无利可图，都无法达成交易。逻辑框架见图 2.1。

按照 Engel 等（2008）研究，PES 项目按照买家的不同可分为"使用者付费项目"和"政府付费项目"，"使用者付费"适合买方垄断或者寡头垄断的情况，如果不具备"使用者付费"的条件，那么"政府付费"可能是唯一可行的途径；潜在的卖家则是能够保障生态服务供应的

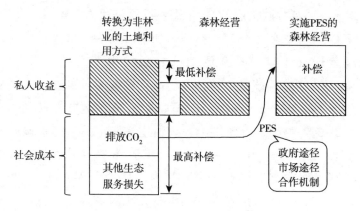

图 2.1　森林碳汇 PES 的逻辑框架

资料来源：根据 Pagiola & Platais（2007）；Engel et al.，（2008）修改。

个体或者组织。而 PES 机制建立取决于特定的经济、政治、社会、生态环境背景，需要利益相关者的推动，是存在路径依赖的。Pagiola（2005）提出了 PES 项目效率分析框架，见图 2.2。该图的纵坐标轴为生态系统服务的价值，即社会收益；横坐标轴为生态系统服务提供者的私人收益。坐标轴将平面划分为四个象限。第一象限是双赢的情况，在这一象限资源所有者获得了私人收益，同时也提供了生态系统服务。第三象限是两败俱伤的局面，社会利益和私人利益都受到损害。第二和第四象限是利弊权衡的情况，分别描述了正的外部性和负的外部性。在第四象限的情况下，需要建立 PES 机制，将正的外部性内部化。A 是理想的 PES 模式；B 表示了补偿不充分的情况；在 C 的情况下，PES 的成本大于从生态系统服务中获得的收益；D 则是无效率或者不必要的补偿。

　　实际上并非所有资源治理的问题都能够通过 PES 途径解决。如果是产权界定问题导致的资源管理决策失误（Ostrom，2003），应该首先明晰产权（Engel et al.，2008）；如果由于土地利用的经验、信息不足等导致的私有土地上的资源利用问题，应该从教育和信息推广着手（Bulte & Engel，2006）；如果是因为资本市场的不完善，应该为资源管理者提供信贷支持等（Engel，2007）。但同时政府也存在失灵，不当的政策也会对自然资源管理产生扭曲的作用（Heath & Binswanger，

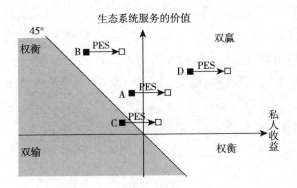

图 2.2 PES 项目效率分析框架

资料来源：Pagiola（2005）；Engel et al.，（2008）。

1996）。而 PES 机制仅适用于公共物品特性（或外部性）导致的市场失灵（Pagiola & Platais，2007）。林业相关的生态系统服务补偿是最典型和普遍的一种。

2.1.3 "社会—生态系统"

社会系统和生态系统之间是一种耦合的复杂关系，这种复杂关系具有互动效应、循环反馈、非线性、阈值、意外性、时滞性和弹性的特点（Liu et al.，2007）。一方面，人类活动成为全球气候变暖和生物圈动态变化的主要驱动因素（Redman，1999；Steffen et al.，2004；Kirch，2005）；经济增长的负外部性削弱了生态系统提供物品和服务的能力（Hueting，1980）。另一方面，社会发展依赖于生态系统服务的支撑；生产、消费和社会福利的发展不仅取决于区域间经济和社会的关系，更取决于区域间生态系统对发展的承载力（Scheffer et al.，2001，Odum，1989）。由于社会和生态系统关系的复杂性，使用简单的、预设的模型或者采用一种普适的方法，都无法实现资源的可持续发展（Ostrom，2009）。例如，将资源破坏归结于产权界定不清晰，作为万能药去解决特定的问题，往往是不成功的（Ostrom et al.，2002；Pritchett，2004）。

从 20 世纪 80 年代开始，学术界对社会科学和生态物理科学相互分隔的研究范式开始反思，提出资源与环境方面的难题应该被看作是"复杂系统"问题（Levin，1999），其多样性、分散性和复杂性，已经超出了传统的学科范畴（Jasanoff et al.，1997），开始探索一种多学科合作的、整合复杂系统的研究方法，如"社会—生态系统"（Socio‐Ecological Systems，SESs）（Gallopín et al.，1989；Berkes & Folke，1998），"人类环境耦合系统"（Coupled Human‐environment Systems）（Turner et al.，2003a，b）。

对于资源治理问题，Ostrom 在《社会—生态系统可持续性分析的一般框架》（2009）一文中指出，应该使用整合多学科的方法，并且具有统一语言的制度分析框架来诊断"社会—生态系统"的复杂性，识别影响资源使用者行为的关键变量，从而对症下药地提出解决问题的方法。在这一分析框架中，人类利用的全部资源都嵌入在复杂的"社会—生态系统"中，这一系统中包括不同层级，不同层级上有各类子系统，子系统有各自的内部变量，类似于有机体的结构：蛋白质构成细胞，细胞构成组织，组织构成器官，器官构成有机体。其中核心的子系统如图2.3 所示。这些系统和变量在特定的时间、空间多元互动和相互影响，决定了"社会—生态系统"的产出。

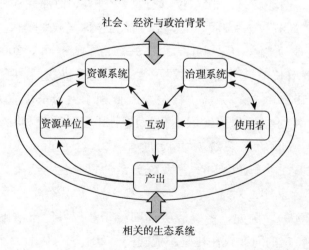

图 2.3 "社会—生态系统"分析框架中的核心子系统

资料来源：Ostrom（2009）。

从"社会—生态系统"的视角来分析，人类社会与森林是耦合的复杂系统。森林作为陆地最大的生态系统有其生物物理属性，为支撑人类生存和社会发展提供了必不可少的产品和服务。这些多元化的价值部分能够市场化，而大部分是非市场化。这些价值的取舍和利用以及市场化过程，取决于经济发展、制度变迁、技术进步、人类认识的拓展和消费偏好的改变等。因此，社会发展中各种经济、技术、制度等变量会作用于森林经营决策，从而作用于森林生态系统。在生态系统和社会系统的多元互动中，人类给森林生态系统带来的影响最后又反馈给人类社会。并且这种循环反馈存在阈值、时滞性、意外性和弹性的特点。在 20 世纪 90 年代以前，森林生态服务的价值并不被看重，森林价值以木材价值为主导，这样的价值取向也决定了当时的资源利用方式，其后果包括了森林的退化、毁林等。毁林导致的碳排放，使森林成为居能源、工业之后的全球第三大温室气体排放源，约占总排放的 17.4%（IPCC，2007）。与此同时，森林生态系统也会受到气候变化的影响，气温升高和干旱增加了森林生态系统退化的风险，从而也会导致碳排放（IPCC，2014）。随着经济发展，优质的环境成为稀缺资源，森林在环境改善中的作用，尤其是减缓温室气体排放的作用逐渐被重视。因此森林经营的策略更加多元化发展，如发展碳汇林，发展木质生物质能源替代化石密集型能源，利用木质林产品替代化石密集产品等。这些林业应对气候变化的策略也成为气候谈判，以及国家发展战略制定的重要内容。因此经济增长以及社会制度演化产生的各种社会力量，如人口、全球化、气候变化、贸易、市场对森林资源利用构成了影响，从而影响了森林提供林产品和生态服务的能力，而这种变化又进一步反馈给社会发展。如果对森林资源的过度获取超过一定阈值，使得森林破坏、退化，就会使森林成为碳排放源，使温室效应加剧，影响人类福利；相反，如果实现可持续利用就能让森林发挥碳汇的作用，减缓气候变化，并产生多种效益。因此必须理解这种人类社会与森林生态系统在不同空间、时间和组织范畴的多元互动，以及这种互动形成的复杂结果，才能够对森林资源治理问题对症下药。

2.1.4　环境库兹涅茨曲线

"库兹涅茨曲线假说"描述了经济发展与收入差距变化关系为倒 U 形曲线，即收入分配的长期变动轨迹是"先恶化，后改进"，由美国经济学家西蒙·史密斯·库兹涅茨在 1955 年提出。其后，Grossman 和 Krueger（1991）对污染与人均收入间的关系进行了实证研究，其研究结果表明：当一国处于较低的经济水平时，环境污染随着经济增长而增加；而当经济增长达到某一临界点，环境污染又会随经济增长而减少。这种经济增长和环境改善之间的倒 U 形关系，被称为"环境库兹涅茨曲线"（Environment Kuznets Curve，EKC）（Panayotou，1997）。Grossman 和 Krueger（1991）认为经济增长通过规模效应、技术效应与结构效应三种途径影响环境质量。姚洋（2013）认为促成倒 U 形曲线的原因包括技术进步和偏好的改变：随着收入增加，政府环境治理支出份额的提高，更为清洁的生产技术替代了旧的技术，环境治理技术效率得到改进。EKC 假说提出后，相关的实证研究从未间断、不胜枚举，如研究发现，中国主要污染物的排放正在转折期（林伯强和蒋竺均，2009）。现实中 EKC 并非无迹可寻，发达国家的历史表明 EKC 确实存在，例如英国泰晤士河、纽约哈德逊河都在历史上曾经被严重污染，后来又通过治理恢复了原貌（姚洋，2013）。但是由于发达国家和发展中国家的差异性，发展中国家未必一定要走"先污染、后治理"的老路，凭借发达国家向发展中国家的技术转移，可以把倒 U 形变成向下倾斜的直线（姚洋，2013）。对 EKC 的主要讨论包括：EKC 的实证依据、临界点、线型的多样性、内生缺陷、使用局限等。实际上，"EKC 的重要性并不仅仅在于找出了经济增长与环境质量间的经验性变化关系，更为重要的是，它还揭示出了经济发展与环境质量关系背后的一个黄金定律"，即在环境与经济构成的两部门框架中，可以自由地实现从成本到产出的动态均衡，最终使得这两个部门实现一体化（李志清，2015）。

森林资源存量是重要的环境质量表征，因此 EKC 也被应用于探讨森林采伐和经济增长的关系，如 Shafik 和 Bandyopadhyay（1992）最早将其应用于毁林的研究。经济增长通过替代效应、技术进步、偏好的改变等方面影响森林资源。当经济水平较低时，由于人口压力和较低的农业生产率，对粮食的需求使得森林转换为农业用地，对林产品的过度获取则导致毁林或森林退化。随着收入提高，技术进步使农业生产率提高，效率低下的农业用地得以退耕还林，农业人口非农化转移；市场对非木材的森林价值——森林生态服务需求提高；政府增加森林经营的投入，这些因素都使得森林资源得以恢复和增长。因此森林资源破坏与经济增长可能存在 EKC 关系（Stern et al.，1996）。实际上，Samuelson 在 1976 年就已经提出了类似的假定，同时他也强调了公共政策和制度对林业部门发展的影响。现实中，在许多国家和地区的确已经经历森林面积随经济增长先减少后增加的发展历程，如工业化国家丹麦、法国、美国、奥地利、希腊、葡萄牙、西班牙、意大利、英国、挪威、日本和加拿大；发展中国家多米尼加、萨尔瓦多、越南、中国和印度（Köthke et al.，2013）。由此衍生出"森林转变假说"（The Forest Transition hypothesis，FT），认为可能全球都存在类似的森林变化轨迹（Mather，1992；Grainger，1995；Rudel et al.，2005），这为理解全球土地利用变化模式，解决 REDD＋基线确定问题提供了重要依据。尽管存在争议，EKC 假说仍然为理解经济增长与森林资源动态变化的关系，实现森林生态系统与社会系统和谐发展提供了理论依据。

2.2　文献综述

2.2.1　森林碳储量的估计

全球森林面积总量超过 41 亿 hm^2，覆盖了地球陆地表面 65％左右的面积（Dixon et al.，1994）。森林生物量占陆地植被生物量的 85％～90％，贮存了陆地生态系统中 90％的植物碳和 80％的土壤碳（Whittaker & Likens，1973，Olson et al.，1983；Dixon et al.，1994），在全球碳循环中发挥着重要作用（Dixon et al.，1994；Goodale et al.，2002；Houghton，2005；Canadell et al.，2007）。对森林作为碳库、碳

排放源和汇的作用进行量化，对林业碳汇潜力进行评估，是陆地碳循环研究和应对气候变化的关键性问题。其中，森林生物量是衡量和评估森林生态系统生产力、结构优劣和碳收支的重要指标。20 世纪 60 年代到 70 年代期间开展的国际生物学计划（IBP）推动了森林生物量调查研究在世界各国的开展，为后续全球化研究提供了基础数据（方精云，2002）。20 世纪 80 年代开始，区域和国家森林资源清查数据为大尺度的研究提供了强有力的数据支撑，这一时期相关研究也广泛开展起来（Brown & Lugo，1984；Kauppi et al.，1992；Dixon et al.，1994；Schroeder et al.，1997；Fang et al.，1998；Fang et al.，2001）。

从全球和区域尺度看，Dixon 等（1994）运用纬度划分的方法，估计出全球森林植被和土壤的碳储量为 1 146Pg C，其中 37%贮存在低纬度森林，14%贮存在中纬度森林，49%贮存在高纬度森林。并且 Dixon 等（1994）指出，在 20 世纪 90 年代，低纬度地区的毁林导致了每年 1.6±0.4Pg C 的碳排放，而同时中高纬度地区森林资源的增加实现了每年 0.7±0.2 Pg C 的碳汇，因此总体上全球森林年净碳排放为 0.9±0.4Pg C。减少毁林，增加植树造林，以及通过有效的经营管理来改善森林生态系统的生产能力，能够显著提高森林碳汇能力。Pan 等（2011）运用森林资源清查数据和长期生态系统碳研究，估计出 1997—2007 年全球森林年碳吸收为 2.4±0.4Pg C；而热带地区土地利用变化导致的碳排放为 1.3±0.7Pg C（这其中包括了 2.9±0.5Pg C 毁林导致的碳排放，以及 1.6±0.5Pg C 森林再生产生的碳汇），因此总体上全球森林表现为碳源，年净排放为 1.1±0.8Pg C。Dixon 等（1994）和 Pan 等（2011）的研究保持了较好的一致性，反映出中高纬度的国家通过较低的森林资源获取率（如欧洲）和大规模植树造林（如中国）使得这一地区的森林产生了碳汇的作用；而热带地区的毁林给全球碳循环带来了极大的不确定性，是全球范围森林成为碳源的主要原因。森林碳源汇的作用在地球维度上的差异，不仅仅是生物物理属性上的差异，更重要的是资源利用方式的差异，或者更深层而言反映了制度的差异。因此哥本哈根协议文件（2009）提出"减少滥伐森林和森林退化引起的碳排放是至关重要的，有必要通过立即建立包括 REDD＋[①]在内的机制，为这类举措提供正面激励"。

中国森林碳储量的估计，如果按照研究对象所处的年代可分为三个不同时间段，分别是 1949 年至 20 世纪 70 年代末 80 年代初（Fang et al.，2001；Pan et al.，2004；郭兆迪等，2013）；80 年代初至 90 年代初（Fang et al.，2001；Pan et al.，2004；Piao et al.，2009；Guo et al.，2010）；以及 20 世纪 90 年代初至 21 世纪（Fang et al.，2001；Zhang & Xu，2003；方精云等，2007；Pan et al.，2011；Guo et al.，2010；徐冰等，2010；郭兆迪等，2013），实际上对应了中国经济发展的不同阶段。

第一个时间段，一般认为 1949 年至 20 世纪 70 年代中国森林生物量碳库在碳循环中的作用为碳源，但对 70 年代到 80 年代的森林碳源汇的作用仍然存在争议。Fang 等（2001）基于全国森林资源清查数据和野外实测数据，运用生物量方法估计出在 1949—1980 年，中国森林碳排放总量为 0.68Pg C，年均碳排放量为 0.022Pg C。Pan 等（2004）的研究认为中国森林在 70 年代早期成为碳汇，而不是在 70 年代晚期，1973—1981 年中国森林年均碳汇量为 0.02Pg C。郭兆迪等（2013）也运用全国森林资源清查数据和生物量方法估计出 1977—1981 年中国森林总生物量为 4.972Pg C，林分碳密度为 38.2Mg C/hm²。

第二个时间段，大规模造林运动使中国森林由碳源转变为碳汇，森林碳储量显著增加，但有的学者认为存在南北差异。Pan 等（2004）估计出 20 世纪 90 年代早期，中国森林碳库达到 4.34Pg C；1984—1993 年中国森林年均碳汇为 0.66Pg C。Pan 等（2004）认为这一时期森林碳汇的显著增加不仅仅与中国 60 年代开始的造林再造林项目有关，更可能受到气候变化和厄尔尼诺现象的影响（Schimel et al.，2001）；中国森林的树龄低于美国和俄罗斯，因此碳库小于这两个国家，但也说明有较大发展潜力。Piao 等（2009）运用卫星测量生物量和土壤碳存量、生态系统模型和大气逆温三种不同的方法对 80 年代至 90 年代的陆地生

---

① "REDD＋"是《联合国气候变化框架公约》框架下的一项机制，旨在通过维持并加强发展中国家的森林碳汇，减缓气候变化。包括以下内容：减少毁林和森林退化所致排放量、森林保护、森林的可持续管理以及加强森林碳汇。

态系统碳平衡进行了研究，研究的结果显示 80 年代至 1990 年这一时期中国陆地生态系统的年净碳汇量在 $0.19 \sim 0.29 Pg\ C$，小于美国但与欧洲相当，约吸收了 $28\% \sim 37\%$ 的化石能源碳排放，对减缓气候变化做出重要贡献；活立木生物量年累积碳 $57 \pm 26 gC/m^2$，与美国（$52 \sim 72 gC/m^2$）相当，但小于欧洲（$60 \sim 150 gC/m^2$）；北方森林由于过度采伐和退化成为净碳源，而南方地区净碳汇占陆地生态系统净碳汇总量的 65%，灌木是碳汇最大的不确定因素。Zhang 和 Xu（2003）基于碳汇模型 F‐CARBON1.0 的研究显示 1990 年中国森林净碳汇为 97.61Mt C，相当于全国二氧化碳排放的 16.8%。

第三个时间段，大型林业重点工程广泛开展使得中国森林碳库进一步增加。Fang 等（2001）认为中国森林生物量碳库从 70 年代末的 $4.48 Pg\ C$ 增长为 1998 年的 $4.75 Pg\ C$，年均累积净碳汇 $0.021 Pg\ C$。方精云等（2007）的研究显示中国森林碳库由 80 年代早期的 $4.3 Pg\ C$，增长为 21 世纪早期的 $5.9 Pg\ C$。这其中的原因既包括量的扩充也包括质的改善，因为森林面积和碳密度都得到显著增加。总体上，在这一阶段中国陆地植被产生的年均净碳汇为 $0.096 \sim 0.106 Pg\ C$，抵消了中国同期工业碳排放的 $14.6\% \sim 16.1\%$。郭兆迪等（2013）的研究显示 2004—2008 年，中国森林总生物量碳库为 6 868Tg C，相对于 1977—1981 年净增加 1 896Tg C，年均增加 70.2Tg C，相当于抵消中国同期化石燃料碳排放的 7.8%，并指出由于中国森林具有林龄小、平均碳密度低和人工林面积大的特点，未来中国森林生物量增汇潜力巨大。上述研究主要是对林分生物量的估计，土壤固碳没有计算在森林生物量碳库内。Pan 等（2011）的研究显示出，中国森林生物量碳库（包含土壤碳）在 1990、2000 和 2007 年分别为 20.8、22.1 和 22.4Pg C，2000—2007 年中国森林生物量碳库比 1990—2000 年增加了 34%，两个阶段的平均年碳汇量分别为 135Tg C 和 182Tg C。对比 Pan（2011）和上述其他学者的研究可以发现，土壤碳有较大的固碳潜力，但由于数据的不可获得性，方法论和研究技术还有待完善，仍有较大的不确定性。

以上研究清晰描绘出中国森林碳库发展变化的过程，反映出从 1949 年到 21 世纪中国森林生态系统在碳循环中的作用，由一开始的碳排放源，逐渐转变为碳汇。20 世纪 70 年代是这一转变过程的分水岭，之后中国森林碳储量在不断增加，并且发展潜力巨大。这背后的直接驱动因素，是 70 年代末开始并不断发展壮大的各类生态修复工程，但更深层的原因是中国 70 年代末改革开放带来的制度创新，经济增长和对环境问题的重视。因此森林固碳能力不仅仅有其生物物理属性，也受到各类经济活动的影响（Canadell et al.，2007），森林生态系统并不是独立于社会系统之外，而是嵌入到社会系统之中。理解和推动森林生态系统和社会系统之间的良性互动，仅依靠自然科学或者仅依靠社会科学都是不够的，而需要建立跨学科的交流与合作，将其作为"社会—生态系统"来考虑，对森林碳库的预测也不能仅仅只考虑自然生长规律，更加需要考虑经济、制度、市场等各方面的外生变化对森林资源演替的影响。

2.2.2　林业碳汇的潜力评估

相对于自然科学领域的森林碳库估计，林业碳汇潜力研究更加具有交叉学科的特性，是基于一定假设条件下的森林碳汇供给能力评估，不仅仅基于森林生态系统生物物理属性，更强调这些属性与经济活动的关联，需要就特定的森林碳汇供给机制或活动（如 LULUCF[①]）及其影响因素开展经济学分析。

全球林业碳汇潜力的评估始于 20 世纪 80 年代末，早期的研究以减少毁林、造林和再造林活动能够产生的碳汇量为研究重点（Sedjo & Solomon，1989；Nordhaus，1991；Trexler & Haugen，1995；Nilsson & Schopfhauser，1995）。其中，Sedjo 和 Solomon（1989）研究指出造林每年能够从大气中清除 2.9Gt 二氧化碳；相比之下 Nordhaus（1991）则认为在 75 年的时期内，造林的碳汇每年仅为 0.28Gt。这两个研究的巨大差异来自于对单位面积固碳量计算的不同，也说明碳汇估计是一项很困难的工作。IPCC 第二次评估报告，认可了 Trexler 和 Haugen（1995）

---

① LULUCF（land use，land use chang and forestry）：即土地利用、土地利用变化和林业，相关活动是京都议定书框架下实施减排目标的重要途径。

以及 Nilsson 和 Schopfhauser（1995）的研究。Trexler 和 Haugen（1995）估计了热带地区减少毁林以及森林再生的碳汇潜力，而 Nilsson 和 Schopfhauser（1995）估计了未造林的地区通过再造林产生的森林碳汇。这两项研究说明全球总共有 7 亿 hm^2 林地可用作为碳汇用途，1995—2050 年通过世界范围的造林和再造林活动有可能固碳 60～87Gt C，其中 80％来自热带地区，13％来自温带，3％来自寒带，相当于同期碳排放的 12％～15％（Brown et al.，1996）。因此一般主张通过在热带造林以及在温带、寒带地区的再造林和森林经营改进，来增加森林碳汇供给（Sedjo & Solomon，1989b；Moulton & Richards，1990；Cubbage et al.，1992；van Kooten et al.，1993；Binkley & van Kooten，1994）。

早期的研究较少考虑经济、社会、环境等变量或约束条件对林业活动及其碳汇潜力的影响，以及这些变量之间的互动和反馈的关系。在后续的研究中，经济学和自然科学的交流和融合不断增强，上述被忽略的问题也逐渐地纳入了研究范围。如果从经济学角度分析，森林碳汇是公共物品，因此会存在供给不足的问题，庇古税、科斯定理和公共选择理论为解决这一问题提供了政府、市场和自主治理的三种途径（Pigou，1920；Coase，1960；Ostrom，1990）。政府的途径包括补贴、税收、产权分配、规则制定等；市场途径主要是碳排放权交易；自主治理则体现在气候谈判领域。因此相关的经济学研究主要考虑上述因素对森林碳汇供给潜力的影响。例如，van Kooten 等（1995）的研究表明发达国家实施的碳税和补贴能够延长森林轮伐期和增加碳汇供给，并且在特定的情况下，一旦森林碳汇的价值被正确估计，也许收获成熟的森林以及造林都是不合算的。这与其他学者在考虑了森林综合效益后得到的结论类似（Calish et al.，1978；Hartman，1976）。Sohngen 和 Sedjo（2006）模拟了碳价对全球森林碳汇供给潜力的影响，估计出如果在 21 世纪末碳价保持 100～800 美元的范围，全球森林碳汇的供给到 2105 年可能达到 48～147Pg C，其中 65％是在热带地区，研究结果说明碳价的增长率会影响森林碳汇供给的时机，并且影响森林碳汇的区域分布。从长期看，如果考虑其他温室减排的策略（如甲烷减排），将会降低减排成本，碳价也会相对较低，森林碳汇则只占到一个很小的份额；然而尽管成本较高，更快速的林业碳汇发展也是有可能的。Lubowski 等（2006）则从碳汇供给的微观主体出发，运用基于土地所有者偏好显示的计量经济方法，模拟了补贴和税收情景下美国森林碳汇供给方程，发现该方程与以能源为基础的碳减排供给函数类似，说明森林碳汇是美国应对气候变化策略成本有效性组合中值得考虑的选项。Rokityanskiy 等（2007）考虑了生态系统和土地利用变化之间的动态互动和反馈机制，分析了各种碳汇激励因素，生物质能源和气候变化政策对森林碳汇供给的影响，运用林业和其他土地利用类型空间动态整合模型（DIMA）对未来 100 年全球森林碳汇供给潜力进行了模拟，得出的结论与 Lubowski 等（2006）基本一致，认为在有效应对气候变化的政策组合中，碳汇能够有较大贡献，但也取决于碳价水平。

得益于全球性动态分析框架和模型的发展，全球森林碳汇供给的经济学研究已经相对成熟（Golub et al.，2009）。这些模型一般整合了土地利用变化的内生变化、森林经营和森林类型多元化以及国际贸易的影响（Sohngen and Sedjo，2006；Sathaye et al.，2006；Sohngen and Mendelsohn，2007；Rokityanskiy et al.，2007），体现了森林碳汇生物物理属性和经济属性的关联，以及生态系统和社会系统之间的多元互动。

另外，还有一些因素对林业碳汇潜力构成影响。首先是方法学的问题，在发达国家虽然已经有完备的碳汇计量方法，但是实践中计量和监管的错误边界广泛存在（Watson et al.，2000），而在发展中国，由于国家森林资源清查投入不足，对碳汇的计算错误更多；其次，森林碳汇项目的额外性和持久性也是需要考虑的（Metz et al.，2001）；最后，发展林业碳汇有可能减少对发达国家低碳技术开发的激励，而这些技术对于实现"虽然已经变化，但能保持稳定"的气候是至关重要的（Tavoni et al.，2007）。

中国国内也已经开始了林业碳汇潜力研究的积极探索，如从微观经营主体的角度，沈月琴等（2013）、朱臻和沈月琴等（2014，2015）以南方集体林区为案例点，利用修正的 Faustmann 模型研究了农户经营杉木林的风险态度、碳汇供给决策和其影响因素等，对未来中国森林碳汇微观经营主体的培育提供了有益的参考。但是上述研究仍然是静态的、局部的研究。从宏观的角度，对中国森林碳汇供给潜力的预测仍然见长于自然学科领域，如 Zhang 和 Xu（2003）根据中国林业发展规划进行了情景假定，对中国 1990—2050 年森林碳库的变化进行了研究，结果显示从 1990—2050 年"基准情景""趋势情景""计划情景"下中国森林净碳汇将分别增加 21.4％、51.5％和 90.4％。"计划情景"下 1990—2050 年中国森林固碳将累积 9Gt C。徐冰等（2010）根据森林清查数据和中国林业发展规划，通过生物量密度与林龄关系，预测了自然生长状况下 2000—2050 年中国森林生物量碳库，预测结果显示这一时期内中国现有森林与新造森林的生物量碳汇合计将达到 7.23Pg C，平均年碳汇量为 0.14Pg C，并指出中国森林碳汇具有较大潜力。Zhang 和 Xu（2003）、徐冰等（2010）对中国森林发展假定的主要依据是中国林业发展规划，并且仅考虑了森林自然生长状态，并没考虑宏观经济社会环境这些重要的外生变量对中国森林资源存量动态变化的影响。总体上，国内的相关研究仍然需要强调跨学科的交流与合作，以及能够考虑经济社会发展、制度变迁的动态分析框架和模型的建立与发展。

2.2.3　林业碳汇的成本研究

成本有效性是减缓气候变化策略选择首先需要考虑的问题。相关研究始于 20 世纪 80 年代末 90 年代初，Sedjo 和 Solomon（1989）最早提出世界范围内能够通过造林获得森林碳汇来持续抵消碳排放的构想。后续的研究发现，林业碳汇相对于其他的减缓气候变化策略更加具有成本有效性（Andrasko，1990；Brown et al.，1996；Richards & Stokes，2004；Kindermann et al.，2008）。例如，Richards 等（1993）的研究表明：如果美国需要将二氧化碳排放强度恢复到 20 世纪 90 年代的水平，考虑森林碳汇的政策将比仅考虑化石能源减排的政策降低 80％的成本。Lubowski 等（2006）研究显示，美国 33％或者 44％的碳减排承诺能够通过林业碳汇策略以低成本的方式实现。Michetti 和 Rosa（2012）的研究表明：如果欧盟碳交易体系能够考虑林业碳汇，将使欧盟碳减排承诺的成本降低至少 25％。此外，通过发展中国（Wangwa-charakul & Bowonwiwat，1995；Ravindranath & Somashekar，1995；Xu，1995）和发达国家（Slangen & van Kooten，1996；Newell & Stavins，1999；Kooten et al.，2000）之间的比较，可以推断出发展中国家发展林业碳汇相对于发达国家更加具有成本优势。

　　这里所指的成本有效性，更加确切地说是林业碳汇相对于工业减排具有更低的比较价格；发展中国家相对于发达国家在开展森林碳汇项目上可能具有比较优势。实际上，如果大气中温室气体存量不断增加，碳汇租金也会随时间增加，林业碳汇将会有较高的绝对成本（Sohngen & Mendelsohn，2003）。Richards 和 Stokes（2004）还提出了需要重点考虑的两类问题："如果土地利用方式向林业转换带来的附带收益超过碳汇本身的成本，那么发展碳汇是'不后悔'的策略；然而，如果存在国内或者国际上的严重漏出，那么即使政府花费巨资，也不会获得任何净收益。"此外，如果土地权属关系复杂，并且高度破碎化，则还应该考虑规模经济和交易成本对总成本的影响（Moulton & Richards，1990；Cacho & Lipper，2007）。Torres 等（2010）基于墨西哥的志愿市场项目数据对林业碳汇（包括造林、再造林项目和农林复合系统项目）的成本进行了研究，研究结论显示林业碳汇成本曲线可能呈现 U 形，一开始由于规模效应，成本会逐渐降低，到达一定临界值后，又会因为交易成本的提高而逐渐增加。而农林复合系统的发展模式，由于不需要土地利用方式的转变，从而不会导致较高的交易成本，更加具有成本有效性，可能相对于造林、再造林项目对减缓气候变化作用更大。

　　就成本估算而言，不同研究尺度、不同概念、不同方法得出的结果会存在较大差异，Lubowski 等（2006）把相关的研究归为三类，分别是从下而上的工程成本研究；农林业部门个人行为决策优化模型研究；显示土地所有者偏好的计量分析。第一类研究一般首先设定几种可供选择的代表性土地利用类型，对这些不同类型产生的收益和成本排序，再来分析边际成本。早期的这类研究（Dudek & LeBlanc，1990；Moulton & Richards，1990）一般考虑的变量是土地面积、森林碳汇累积率、某种类型碳汇项目的土地和种植的成本，从而可以推算出总的固碳量和每吨碳的成本。Richards 和 Stokes（2004）对这类研究进行了详细的说明和述评，并总结出全球范围来看林业碳汇的成本在 10～150 美元；全球每年的固碳潜力在 200 亿 t 以上。由于从长期来看，林业碳汇项目会增加农业用地土地价格，土地所有者会将一些管制之外的林地转化为农业用地，从而会抵消部分碳汇效应，因此第二和第三类研究对工程成本方法进行了改进，通过土地需求价格弹性的估计，考虑了碳汇项目扩大过程中的土地价格增长预期（Richards et al.，1993；Richards，1997）。第三类方法基于偏好显示，运用计量经济方法分析土地利用变化来估计土地利用决策和农林业部门的相对回报之间的关系，从而模拟出碳汇成本方程（Plantinga et al.，1999；Stavins，1999；Newell & Stavins，2000；Lubowski et al.，2006）。由于能够考虑投资的不确定性、土地所有者对土地未来用途的预期、非现金收益等因素，相对于前两类方法，计量经济方法更加具有合理性。此外，可计算一般均衡模型也被应用于林业碳汇成本研究，如 Golub 等（2009）将农林业土地利用决策的机会成本纳入全球贸易分析模型（GTAP）框架（Hertel，1997），从而可以研究各经济部门内部和部门之间不同土地类型的竞争，以及土地和其他生产要素的替代关系。

Xu（1995）最早对中国大规模造林的碳汇潜力和成本/收益进行了系统分析，他将中国划分为东北、西南、南方、北方、西北 5 个区域，对比了不同地区、不同林业经营类型和中国主要树种的成本差异，研究结果显示："就初始投入而言，成本最低的碳汇方式是马尾松种植，其次是云杉种植。相比之下，一些生产力相对低下的树种有较高的净成本。由于初始投入较低，并且有较长的轮伐期，开放式的森林经营有较低的成本。尽管有较高的初始投入，大多数的农林复合系统有较高的回报率，因此净成本都较低，尤其是在中国南方、西南以及北方。"虽然在森林碳汇供给上，农林复合系统算不上最优策略，但能够产生综合效应，因此大多数的农林复合系统都具有经济有效性。

中国后续碳汇成本收益的系统性研究仍不多见，但是也有一些积极的探索，如 Kahrl 等（2013）对中国西南地区低产集体林在不同林业发展情景下的碳汇成本收益进行了研究；Golub 等（2009）在对世界土地利用机会成本和农林业减缓温室气体潜力的研究中，中国也是主要的研究对象；曾程和沈月琴等（2015）以南方集体林区浙江、江西、福建三省为案例点，对基于造林再造林项目的杉木固碳成本收益进行了分析。但总体上林业经济领域的成本效益研究多围绕实际问题或具体项目展开，如中国退耕还林工程和天然林保护工程的成本有效性（徐晋涛等，2004；Uchida et al.，2005；Shen et al.，2006）。

2.2.4　林产品市场研究模型

20 世纪五六十年代，木材供应趋势是林业领域研究的主要问题之一。通过建立数量模型，对木材供应、林产品市场、森林资源进行长期预测，并对林业政策进行评估，为林业部门发展提供依据。最早的林产品市场数量分析和预测研究，可以追溯到 20 世纪 50 年代，代表人物有 Stan Pringle 和 Robinson Gregory，当时还是单一的基于时间序列的分析（Buongiorno，1996）。而近几十年来，随着经济学理论与市场模型深度融合，估计方法的进步，数据可获得性的改善，林产品市场模型类型越来越多，功能也更加完善。

孙顶强和尹润生（2006）在 Buongiorno（1996）对木材模型述评的基础上，对几种主要的林产品市场建模方法进行了说明，并指出单独使用其中某一种方法可能存在不足。首先是计量经济模型，如果在实际应用中纯粹通过计量经济学方法对木材市场研究存在缺陷。结构方程在反映变量真实关系时作用有限；供给需求方程组识别困难；通过简化式进行估计时参数符号并不清楚（Buongiorno，1996），并且数据很难获得。另外，最为重要的是林产品市场空间分布相对分散，完整统一的市场在现实中并不存在，若使用加总的数据，难以反映区域差异（Obiya et al.，1986）。其次是线性规划模型。线性规划方法虽然能够反映区域差异，但是也存在不足。线性规划模型假设产品价格外生，因此不能反映价格机制在市场中的作用，并且一般假设单位运输成本和运输量不相关，和现实并不相符（Buongiorno，1996）。另外，投入产出系数的估计比较困难（Buongiorno，2003）。再次是优化控制方法。优化控制模型当中使用的所有变量都是内生性的，无法分析外生变量，如经济增长、人口变化对林业部门的影响。优化控制模型理论预期的假设性过强，往往偏离实际，也无法反映技术进步对林产品市场的影响。此外，优化控制方法虽然是一种动态方法，但却忽略了市场均衡的重要性（Buongiorno，1996）。

上述各种方法都存在优缺点。因此，自20世纪80年代开始出现将上述各种方法取长补短，有效融合的林产品市场模型。空间局部均衡方法就是其中之一。空间局部均衡方法理论基础基于Samuelson（1954b）提出的空间市场均衡概念。应用这一理论建立的林产品模型有：木材市场评价模型（TAMM）（Adams & Haynes，1980），北美纸和纸浆工业模型（PAPYRUS）（Gilless & Buongiorno，1987），北美造纸工业模型（NAPAP）（Gilless & Buongiorno，1987），全球贸易模型（GTM、CGTM）（Gardellichio & Asams，1990；Peprz‐Garcia，1993），以及全球林产品模型（GFPM）（Buongiorno et al.，2003）等。此外，还有一般均衡的方法，包括可计算一般均衡模型（CGE）和全球贸易分析模型（GTAP）。如果林业部门在某国经济总量中比重较小，不会对国民经济和其他产业构成显著影响，就不适用于CGE的方法，而应该采用空间局部均衡模型。全球贸易分析模型（GTAP）（Hertel，1997）是多国多部门的一般均衡模型，不仅在林产品贸易领域有广泛应用，还可以通过与全球土地利用数据的整合，应用于全球气候变化政策分析（Lee et al.，2009；Golub et al.，2009）。

随着时间推移，资源环境恶化、全球气候变化等问题的出现，使得木材资源安全不再是世界各国唯一需要担忧的问题。并且随着技术进步、收入提高、消费偏好的改变，国民更加倾向于购买更多的无形服务。世界范围内，森林非木材林产品的价值，如生态服务、休闲、教育等方面的价值在不提升（FAO，2011）。因此林产品模型关注的重点需要从有形的木材产品，转向无形的生态服务。鉴于森林碳汇在减缓气候变化中的重要作用，对森林在碳循环中的作用做出分析、评估和预测是林业部门重点关注的问题。然而如果仅使用自然学科的碳汇研究方法，只能反映森林生态系统的自然规律，割裂了森林资源与宏观经济环境和制度变迁的联系，也不能对林业政策进行评估。因此将已有的、成熟的林产品市场模型与森林碳汇研究有机整合是未来发展趋势。如 Sohngen 和 Mendelsohn（2003）将全球木材模型（TSM）（Sohngen et al.，1999）和温室气体模型（DICE）（Nordhaus & Boyer，2000）相结合，研究了森林碳汇对减缓温室气体排放的潜力。Golub 等（2009）将各类土地利用方式的温室气体源/汇情况与 GTAP 模型（Hertel，1997）整合，研究了农林业部门土地利用活动对温室气体减排的潜力。Nepal 等（2012）运用美国林产品模型（USFPM/GFPM）对气候变化情景下林产品市场和森林资源进行了模拟，然后运用生物量法和 WOODCARB2 对森林和木质林产品碳库进行了预测。Haim 等（2014）运用农林优化模型和温室气体排放模型相结合的 FASOM - GHG 模型，研究了美国规则市场对农林部门碳汇的影响。然而国内类似的研究仍然相当少见。

2.3　简要述评

森林生态系统为人类生存发展提供多种产品和服务，除了部分有形产品，大多数的森林生态系统服务以外部性或者非市场价值形式存在。在实践中，一般通过生态系统服务补偿的途径，将这些外部性或非市场价值内部化。其中森林碳汇服务，是典型的全球性公共物品。在减缓气候变化过程中，森林碳汇相对于以化石能源为基础的工业减排具有相对的成本效率优势，因此具有较大发展潜力。但其全球公共物品的特性，决定了森林碳汇服务的供给远比一般公共物品供给问题复杂得多。因此不仅仅需要政府与市场的互补，还需要改善公共决策，设计由资源使用者组织和管理来建立的持久的合作制度。此外，森林碳汇服务又是一种高需求弹性的产品，随着经济增长，国民收入提高，消费偏好改变，对这种产品的需求会不断扩大。但同时经济增长产生的负外部性又在不断削弱森林提供生态服务的能力，从而加剧这种资源的稀缺性。解决森林碳汇供给需求之间的矛盾，需要从"社会—生态系统"的角度，认识和理解在不同时间、空间森林生态系统和社会系统之间的多元互动和相互影响，识别那些关键性变量，以及变量与变量之间的关系。

林业碳汇潜力的估计和相关机制的研究，不仅仅需要考虑森林生态系统的生物物理属性，更要考虑到其经济社会属性，因此具有交叉学科的特点。早期的研究，由于学科分隔的原因，自然学科和社会学科相互独立、各自发展，较少出现学科间的交流与合作。一般侧重于基于历史数据的森林生物量和生物量碳库及其变化的估计，着重考虑的是对自然规律的揭示和对事实的还原。这类研究非常重要，回答了"是什么"或者"是多少"的问题，是相关研究的基础。但森林生态系统和人类社会之间的关联并非是一维的、线性的、单向的、简单关系，而是一种存在多元互动、相互反馈的复杂关系。因此更需要从经济社会发展与森林生态系统耦合的角度来解释"为什么"，以及解答"如果怎样就会怎样"。正如 Ostrom（2009，2011）所倡导的，需要构建一种能够整合多学科、多方法，具有统一语言的理论和框架。而事实上，这也正是当前国际森林碳汇经济学研究的发展趋势。相对而言，森林碳汇供求的相关机制在中国仍然是新鲜事物，因此理论研究也相对滞后，亟待展开相关研究。

第 3 章　森林碳源汇现状和影响因素分析

本章首先介绍世界和中国森林资源状况，以及森林资源动态变化导致的森林碳源汇的情况；之后通过 2003—2013 年的省级面板数据对中国森林碳储量的影响因素进行了实证研究。

3.1　世界森林碳源汇概况[①]

按照 2010 年世界森林资源清查数据（FAO，2011），全球森林总面积略超过 40 亿 hm²，人均森林面积约为 0.6hm²；森林立木蓄积总量为 5 270 亿 m³；森林碳储量为 650Pg C，其中有 44% 在生物量中，11% 在死木和枯枝落叶中，45% 在土壤层；世界森林资源分布严重不均，俄罗斯、巴西、加拿大、美国和中国这 5 个森林资源最丰富的国家，拥有世界一半以上的森林；与此同时，全球有 10 个国家或地区根本没有森林，另外有 54 个国家森林资源也十分匮乏。如果不考虑森林碳密度的改变，一定时间内森林面积的动态变化能够大体上反映出不同地区森林碳源汇的作用（表 3.1 和表 3.2）。根据 2010 年全球森林资源评估（FAO，2011），大规模造林活动使全球森林面积净损失明显减少，同时全球毁林速度已经开始出现减缓迹象，但森林破坏的情况仍然严峻。因此就全球范围而言森林仍然是碳排放源，2005—2010 年森林生物量中的碳储量每年减少 5 亿 t。

---

① 在本章中，世界森林资源数据包括面积、蓄积量、碳储量和碳密度，均以 2010 年全球森林资源评估（FRA2010）（FAO，2011）为依据。

表 3.1 世界各地区森林面积和单位蓄积量

区　域	森林面积（亿 hm²）				单位蓄积量（m³/hm²）			
	1990 年	2001 年	2005 年	2010 年	1990 年	2001 年	2005 年	2010 年
东部和南部非洲	3.04	2.86	2.77	2.68	50.3	50.7	50.9	51.2
北部非洲	0.85	0.79	0.79	0.79	16.6	17.1	17.2	17.1
西部和中部非洲	3.60	3.43	3.36	3.28	184.3	186.5	187.7	188.7
非洲总计	7.49	7.09	6.91	6.74	110.8	112.8	113.5	114.1
东亚	2.09	2.27	2.42	2.55	76.4	81.9	83.6	83.8
南亚和东南亚	3.25	3.01	2.99	2.94	99.6	102.5	100.7	98.6
西亚和中亚	0.41	0.42	0.43	0.44	71.1	73.8	74.7	76.2
亚洲总计	5.76	5.70	5.84	5.93	89.1	92.2	91.7	90.6
欧洲总计	9.89	9.98	10.01	10.05	105	107.9	109.5	111.5
加勒比	0.06	0.06	0.07	0.07	75.5	82.3	84.3	84.2
中美洲	0.26	0.22	0.21	0.19	147.1	148	148.1	148
北美洲	6.77	6.77	6.78	6.79	110.7	113.6	117.9	122.2
北美洲中美洲总计	7.08	7.05	7.05	7.05	111.7	114.4	118.5	122.5
大洋洲总计	1.99	1.98	1.97	1.91	107.9	108	108.1	109.1
南美洲总计	9.46	9.04	8.82	8.64	202.3	203.6	205.9	205
世界	41.68	40.85	40.61	40.33	127.2	128.9	130.1	130.7

资料来源：2010 年全球森林资源评估（FAO，2011）。

表 3.2 世界森林生物量碳储量和碳密度

区　域	森林碳库（Pg C）				森林碳密度（t C/hm²）			
	1990 年	2001 年	2005 年	2010 年	1990 年	2001 年	2005 年	2010 年
东部和南部非洲	17.52	16.63	16.19	15.76	57.6	58.2	58.5	58.9
北部非洲	1.85	1.75	1.76	1.75	21.7	22.1	22.2	22.2
西部和中部非洲	41.53	39.90	39.14	38.35	115.4	116.2	116.6	116.9
非洲总计	60.90	58.28	57.08	55.86	81.3	82.2	82.6	82.8
东亚	6.59	7.69	8.35	8.75	31.5	33.9	34.5	34.4
南亚和东南亚	29.11	27.53	26.55	25.20	89.5	91.4	88.7	85.6
西亚和中亚	1.51	1.60	1.66	1.73	36.4	37.9	38.7	39.8

（续）

区　域	森林碳库（Pg C）				森林碳密度（t C/hm²）			
	1990 年	2001 年	2005 年	2010 年	1990 年	2001 年	2005 年	2010 年
亚洲总计	37.21	36.81	36.55	35.69	64.6	64.6	62.6	60.2
欧洲（不含俄罗斯）	9.70	11.05	11.76	12.51	53.7	58.5	61.2	63.9
欧洲总计	42.20	43.20	43.97	45.01	42.7	43.3	43.9	44.8
加勒比	0.39	0.47	0.50	0.52	65.5	72.4	74.4	74.4
中美洲	2.28	1.97	1.87	1.76	88.6	89.6	89.9	90.4
北美洲	35.10	36.07	36.67	37.32	51.9	53.3	54.1	55
北美洲中美洲总计	37.77	38.51	39.04	39.59	53.3	54.6	55.3	56.1
大洋洲总计	10.86	10.82	10.71	10.48	54.7	54.5	54.4	54.8
南美洲总计	110.28	106.23	103.94	102.19	116.5	117.5	117.8	118.2
世界	299.22	293.84	291.3	288.82	71.8	71.9	71.7	71.6

资料来源：2010 年全球森林资源评估（FAO，2011）。

　　从地区来看，主要的碳源来自南美洲、非洲和大洋洲，与 Dixon 等（1994）和 Pan 等（2011）研究相吻合。热带地区的南美洲和非洲是森林净损失最大的地区，其中最为严重的是南美洲，在 2000—2010 年每年损失森林约 400 万 hm² 左右；其次是非洲，每年损失 340hm² 森林。森林减少的主要原因来自于林业与农业之间的竞争，在经济发展水平较低的阶段，如果农业经营相对于林业经营能够对农户产生更高的经济激励，林地往往会转化为农用地。此外，森林还会受到自然扰动和不可控因素的影响，由于严重干旱和森林火灾，大洋洲在 2000—2010 年每年损失 70 万 hm² 森林。而北美洲和中美洲森林相对稳定。世界森林的增加主要来自于欧洲和亚洲的贡献，这其中既有造林再造林和森林经营改善的影响，也包括森林的自然恢复和扩张。但欧洲森林面积增长率相对 20 世纪 90 年代已经有一定程度的放缓，而亚洲在这一时期森林面积净增长率超过每年 220 万 hm²，其主要原因是中国大规模的植树造林活动使亚洲森林面积扭亏为盈。

　　从国家的角度看，1990—2000 年世界森林年净损失最高的 10 国分别是：巴西、印度尼西亚、苏丹、缅甸、尼日利亚、坦桑尼亚、墨西哥、津巴布韦、刚果、阿根廷。2000—2010 年世界森林年净损失最高的 10 国分别是：巴西、澳大利亚、印度尼西亚、尼日利亚、坦桑尼亚、津巴布韦、刚果、缅甸、玻利维亚、委内瑞拉。这些国家除了澳大利亚外，都是热带地区的国家，并且除了澳大利亚是自然灾害引起森林损失，其他国家都是资源利用方式的原因。对比之下，1990—2000 年世界森林净增长最高的 10 国分别是：中国、美国、西班牙、越南、印度、法国、意大利、智利、芬兰、菲律宾；2000—2010 年世界森林净增长最高的十国分别是：中国、美国、印度、越南、土耳其、西班牙、瑞典、意大利、挪威、法国。其中，中国在这两个时期的森林净增长分别占到增长最高十国总增量的 58.43% 和 67.65%（FRA，2011）。足以说明中国对世界环境和减缓气候变化的贡献和努力。

除了森林面积之外，与森林固碳能力更为相关的变量是森林蓄积水平，即单位面积森林的材积量，其决定了森林生物量的大小和碳储量，反映了森林生态系统的生产能力。森林面积的扩张和蓄积水平的改善都能够提高森林的固碳能力，但相对于森林面积的扩张，蓄积水平的改善是集约型的发展策略。在土地资源约束下，更应该注重森林质量的改善，而不是过度强调森林面积的扩张。

蓄积水平从生物物理属性看，取决于地理位置、气候、立地条件、树种、树龄结构等因素；但从社会经济属性看，更与历史因素和森林经营方式有关。由于蓄积水平的差异，世界各区域森林固碳能力也有显著的区别，见表 3.2 和图 3.1。从蓄积水平和碳密度来看，南美洲是世界森林单位蓄积最高、碳密度最大的区域，因此也是世界森林碳储量最大、固碳能力最强的地区，但同时又是世界森林净损失和碳排放最高的地区。因此"减少滥伐森林和森林退化引起的碳排放是至关重要的"（哥本哈根协议文件，2009）。

总体上，资源禀赋（包括地理位置、气候条件、历史因素等）是决定森林碳储量（Carbon Stock）大小的先决条件。但需要注意的是资源丰富不总是给社会带来福音，有些情况下反而会产生荷兰病和"资源诅咒"。与社会经济政治环境相关联的资源利用方式直接决定了森林碳储量的变化（Carbon Flux），从而影响了森林生态系统在碳循环中的作

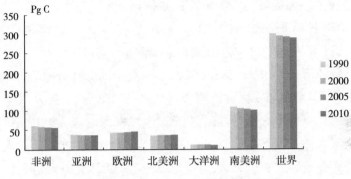

图 3.1　1990—2010 年世界森林碳储量

用，而这种作用最后又反馈给森林生态系统和人类社会。南美洲就是典型的案例。例如，在南美洲的亚马孙热带雨林有着极为丰富的资源禀赋，这里的森林提供了碳汇、生物多样性、气候调节等诸多重要的生态服务（Nepstad et al.，2008；Pan et al.，2011），被称为"世界之肺"和"世界动植物王国"。但对资源的过度获取使这里的森林缩减速度惊人，对环境造成不良的影响，而环境的变化（气候变化导致干旱、火灾）反过来又进一步加剧了亚马孙热带雨林退化的程度（Malhi et al.，2009；Coe et al.，2013），形成恶性循环。因此必须从"社会—生态系统"耦合的角度，理解森林生态系统如何嵌入到一定的经济社会环境当中，探讨生态系统和社会系统两者存在怎样的互动和反馈的关系，识别那些关键变量和变量之间的多元互动，才能够对具体的资源治理问题对症下药，最终走出发展困境。

3.2　中国森林碳源汇概况

3.2.1　森林资源概况

从总量上看，中国是世界森林资源最为丰富的五个国家之一，森林面积和蓄积总量居世界第五位和第六位；但人均来看依然是缺林少林的国家，人均森林面积仅为世界平均水平的 1/4，人均蓄积仅为世界平均水平的 1/7。总体上中国森林资源具有总量相对不足、质量不高、分布不均的特点（国家林业局，2014）。

　　中国国家层面的森林资源数据主要依据五年一度的全国森林资源清查，1973 年开始迄今共有八次，分别是第一次全国森林资源清查（1973—1976 年）、第二次全国森林资源清查（1977—1981 年）、第三次全国森林资源清查（1984—1988 年）、第四次全国森林资源清查（1989—1993 年）、第五次全国森林资源清查（1994—1998 年）、第六次全国森林资源清查（1990—2003 年）、第七次全国森林资源清查（2004—2008 年）、第八次全国森林资源清查（2009—2013 年）。其中第二次到第八次全国森林资源清查分地区的数据见表 3.3。FAO 全球森林资源评估也以此为基础，1990、2000、2005 和 2010 年全球森林资源评估的中国报告分别根据第三次到第七次全国森林资源清查的数据进行估计。

表 3.3　历年中国各区域森林面积和森林蓄积

时期		东北		西南		南方		三北		全国
		数值	比重（%）	数值	比重（%）	数值	比重（%）	数值	比重（%）	
面积（亿 hm²）	1977—1981	0.35	31	0.22	19.7	0.39	34.6	0.17	14.7	1.13
	1984—1988	0.36	29	0.27	22	0.41	33	0.19	16	1.22
	1989—1993	0.37	28	0.28	21	0.47	35	0.20	15	1.32
	1994—1998	0.39	25	0.34	21	0.59	38	0.25	16	1.59
	1990—2003	0.41	24.5	0.38	22.3	0.63	37.5	0.27	15.8	1.71
	2004—2008	0.50	23.3	0.52	24.1	0.71	33	0.42	19.5	1.96
	2009—2013	0.52	22.7	0.54	23.6	0.76	33.2	0.47	20.5	2.08
蓄积（亿 m³）	1977—1981	29.41	33.4	35.46	40.3	14.76	16.8	8.38	9.5	88.01
	1984—1988	28.92	32	37.70	42	13.38	15	9.14	10	89.14
	1989—1993	30.03	30	44.64	45	14.58	15	9.85	10	101.37
	1994—1998	31.79	29	48.06	44	17.94	16	11.29	10	112.67
	1990—2003	32.93	27.2	52.45	43.4	23.08	19.1	12.54	10.4	124.56
	2004—2008	35.42	26.5	55.00	41.5	28.31	21.2	14.80	11.1	137.21
	2009—2013	39.13	26.5	57.82	39.1	32.87	22.2	17.97	12.2	151.37

　　注：按照 Demurger 等（2009）对中国森林资源的划分，东北包括：黑龙江、吉林、内蒙古；西南包括：四川、重庆、云南、西藏；南方包括：安徽、浙江、福建、江西、湖南、湖北、广东、广西、海南、贵州；三北包括：辽宁、河北、北京、天津、山东、江苏、上海、山西、陕西、河南、宁夏、甘肃、青海、新疆。

　　资料来源：1977 年至 2003 年数据参考 Demurger 等（2009）；2004—2013 年数据根据 2009 年和 2013年《中国林业统计年鉴》计算。

　　根据第八次全国森林资源清查结果，全国森林面积 2.08 亿 hm²，森林覆盖率 21.63%。活立木总蓄积 164.33 亿 m³，森林蓄积 151.37 亿 m³。天然林面积 1.22 亿 hm²，蓄积 122.96 亿 m³；人工林面积 0.69 亿 hm²，蓄积 24.83 亿 m³；森林总生物量为 70.02 亿 t，总碳储量达 84.27 亿 t。并且该报告指出与第七次森林资源清查对比，中国森林资源呈现出森林总量持续增长、森林质量不断改善、天然林稳步增加、人工林快速发展、森林采伐中人工林比重继续上升的发展趋势。但总体上，中国森林资源总量相对不足、质量不高、分布不均的状况仍然没有得到根本性改善，林业发展还面临压力和挑战（国家林业局，2014）。

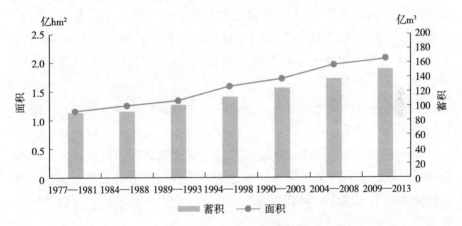

图 3.2　中国森林面积和森林蓄积的历史数据

资料来源：Demurger 等（2009），国家林业局（2009），国家林业局（2014）。

　　从区域来看，中国森林资源集中分布在东北、南方和西南。这三个地区森林面积和森林蓄积约占全国总量的 79.5% 和 87.8%，是中国森林资源最为丰富的地区。从区域的角度，中国森林资源的动态变化过程可以归结为以下方面。

　　第一，总量的变化趋势。第二次到第八次全国森林资源清查期间，不同地区的森林面积和蓄积量在保持稳定的基础上，都有一定程度增长。因此各地区的森林碳库都在不断增加。

　　第二，结构的变化趋势。从面积的构成来看，南方地区一直保持最大的份额，西南地区也相对稳定；而东北地区和三北地区的面积份额却出现此消彼长的情况。说明三北地区森林面积扩张的速度高于其他地区，而东北地区森林面积的增加相对落后。从蓄积量的构成来看，西南地区和三北地区有最大和最小的蓄积份额，并且都相对稳定；而东北地区的蓄积份额和南方地区存在此消彼长的情况。因此南方地区森林蓄积的增长速度大于其他地区，东北地区却相对滞后。

第三，再来考察森林蓄积水平的动态变化。西南地区的森林单位蓄积一直高于全国平均水平，但在 20 世纪 90 年代初期开始逐渐下降，30 年间下降了 23.33%。也等于森林固碳能力下降了同等幅度，这是值得高度关注的。东北和三北地区的单位蓄积在 2003 年后开始下降。相比之下，南方地区的森林单位蓄积从 1998 年开始有所提高。但南方地区的单位蓄积严重低于全国平均水平，甚至在较长一段时间内低于资源贫乏的三北地区，较小的增幅并不能改变全国总蓄积水平下降的趋势。

综上所述，中国在过去三十多年间，森林面积和蓄积量都有大幅增长，因此森林碳储量也不断增加。各个地区的发展水平存在差异，其中东北地区相对滞后。西南地区是我国森林碳库最重要的组成部分，但是森林的单位蓄积在持续下降，因此也影响了固碳潜力的发挥。全国森林总体蓄积水平不仅没有得到改善，还出现一定的下降趋势，这也是影响我国森林固碳能力的主要因素。

3.2.2 森林碳源汇概况

从新中国成立至 20 世纪 70 年代末 80 年代初，由于各种原因，中国林业发展经历了一段较长的挫折期，尤其是大跃进、人民公社化运动和"文化大革命"期间出现大规模毁林，使中国森林资源遭受严重破坏，不论是数量还是质量都有较大程度的损失（Demurger et al.，2009）。据估计，1949—1979 年全国总的木材采伐量超过 10 亿 m³（Wang et al.，2004）。因此，这一时期中国森林生态系统在碳循环中的作用表现为碳源。根据 Fang 等（2001）的估计，1949—1980 年中国森林碳排放总量为 0.68Pg C，年均碳排放量为 0.022Pg C（表 3.4）。

表 3.4　中国森林碳储量及其变化的估计

时　间	碳库	碳源	碳汇	来源
1949—1980	—	0.68Pg C	—	Fang et al.（2001）
20 世纪 70 年代末	4.48Pg C	—	—	Fang et al.（2001）
1973—1981	—	—	0.02Pg C	Pan et al.（2004）
1977—1981	4.972Pg C	—	—	郭兆迪等（2013）
20 世纪 80 年代早期	4.3Pg C	—	—	方精云等（2007）
1984—1993	4.34	—	0.66 Pg C	Pan et al.（2004）
1980—1990	—	—	57 ± 26gC/m^2	Piao et al.（2009）
1990	—	—	97.61Tg C	Zhang&Xu（2003）
1990	4.414Pg C	—	—	FAO（2011）
1998	4.75Pg C	—	—	Fang et al.（2001）
20 世纪 70 年代末至 1998 年	—	—	0.021Pg C	Fang et al.（2001）
1990—2000	—	—	88Tg C	FAO（2011）
21 世纪早期	5.9Pg C	—	—	方精云等（2007）
2000	5.295 Pg C	—	—	FAO（2011）
2004—2008	6.87Pg C	—	—	郭兆迪等（2013）
2005	5.802Pg C	—	—	FAO（2011）
2000—2005	—	—	101Tg C	FAO（2011）
2010	7.163Pg C	—	—	FAO（2011）
2005—2010	—	—	80Tg C	FAO（2011）
2009—2013	8.43Pg C	—	—	国家林业局（2013）

　　注：根据《2010 年全球森林资源评估中国报告》（FAO，2011），中国森林碳储量为 7.16Pg C（不包含枯枝落叶和土壤固碳），若扣除竹林和经济林部分，森林碳储量约为 6.52 Pg C；而第八次全国森林资源清查数据显示中国森林总碳储量为 8.4 Pg C。两者的差距可能在于统计口径的区别。第八次全国森林资源清查数据并没有对森林总碳储量的构成进行明确说明。本文中国森林碳储量相关的概念界定、历史数据、估计方法均与《2010 年全球森林资源评估》一致，因此以 FAO 数据为参照。

　　1978 年的改革开放是中国经济社会发展的转折点，改革开放极大地解放了生产力，社会经济全面复苏，中国经济开始了高速增长。林业发展也乘上了改革的东风，进入全新的时代，尤其是 20 世纪 90 年代开始的林业分类经营以及陆续启动的六大林业工程，使林业发展的重点由强调木材的产出，逐渐转向了天然林保护和严重退化的生态系统的修复与保护。从1977年开始中国森林面积和蓄积都在不断增长，1977—2013年中国森林面积和蓄积的几何平均增长率分别为1.66%和1.45%。特别是90年代以来中国森林面积的快速扩长，是亚洲森林由净损失转变为净增长的主要原因（FAO，2011），这一阶段中国森林碳汇为减缓气候变化做出了重要贡献。具体情况如表3.4所示。

综上所述，从1949年到21世纪，随着森林资源的消长，中国森林碳库也呈现U形的变化轨迹。其中20世纪70年代中后期是这一曲线的转折点，从70年代末开始，中国森林碳库开始了净增长。就森林的固碳能力而言，当前中国森林龄小、平均碳密度低的特点，是约束森林固碳能力的主要原因，而一般认为正是这些缺陷和我国人工林面积大的特点，使得未来中国森林生物量增汇潜力巨大（徐冰等，2010；郭兆迪等，2013）。但仍需强调的是，森林生态系统不仅仅有其生物物理属性和自然规律，也与社会系统存在多元互动，如何克服发展中的短板使得森林碳汇的潜力在未来真正释放出来，还需要考虑一定的社会经济发展因素，探讨社会经济变量对森林碳库和碳汇能力的影响。

3.2.3　中国林业碳汇发展目标

21世纪以来，随着气候变化问题日益严峻，以及围绕温室气体排放问题展开的气候谈判，森林碳汇对于减缓气候变化的作用和潜力逐渐被中国政府关注和重视，中国减排"森林方案"成为一项重要国策。中国政府在不同的发展阶段，制定了不同的林业碳汇发展目标，成为中国林业发展的重中之重。

2007年6月国务院发布了《中国应对气候变化国家方案》把林业纳入我国减缓和适应气候变化的重点领域，明确提出增加森林碳汇是中国应对气候变化重点领域之一。同年9月国家主席胡锦涛在亚太经济合作组织第十五次领导人非正式会议上宣布了"通过扩大森林面积、增加CO_2吸收源的削减温室气体排放方案"，即中国减排"森林方案"，明确提出到2010年我国森林覆盖率将提高到20%。

2009年国家林业局出台的《应对气候变化林业行动计划》，提出了中国林业行动的 3 个阶段:"到 2010 年,年均造林育林面积 400 万 hm² 以上,全国森林覆盖率达到 20%,森林蓄积量达到 132 亿 m³,全国森林碳汇能力得到较大增长;到 2020 年,年均造林育林面积 500 万 hm² 以上,全国森林覆盖率增加到 23%,森林蓄积量达到 140 亿 m³,森林碳汇能力得到进一步提高;到 2050 年,比 2020 年净增森林面积 4 700 万 hm²,森林覆盖率达到并稳定在 26% 以上,森林碳汇能力保持相对稳定。"同年在联合国气候变化峰会上,中国政府作出自主减排承诺,提出了森林碳汇减缓温室气体排放的"双增目标"——森林面积比 2005 年增加 4 000 万 hm²,森林蓄积量比 2005 年增加 13 亿 m³。

2015 年新一轮自主减排承诺进一步提出:"2030 年森林蓄积量比 2005 年增加 45 亿 m³ 左右"。同年发布的《国有林场改革方案》《国有林区改革指导意见》提出了到 2020 年,国有林场蓄积增长 6 亿 m³ 以上,国有林区森林蓄积增长 4 亿 m³ 以上。

上述发展目标,反映出国家对于林业碳汇发展的高度重视,以及国家林业发展战略由"利用森林获取经济利益为主,到保护森林提供生态服务为主的转变",为发掘中国森林减缓气候变化的潜力提供了制度保障。

3.3　中国森林蓄积量影响因素分析

当前森林生物量碳库(不含土壤固碳)估计多通过森林生物量换算因子的方法计算(Fang et al.,2001;方精云,2002;IPCC,2006),这一方法主要通过生物量换算因子(BEF)乘以森林蓄积量得到森林碳储量,其中 BEF>0。因此森林蓄积量和碳储量是正相关的线性关系。如果希望通过线性回归的方法,来分析社会经济变量对森林碳库大小的影响因素,可以将森林蓄积量作为森林碳库的替代变量,用自变量对森林蓄积量的影响,来测度这些变量对森林碳库的影响。由于本章研究的重点不在于关注森林碳库的具体大小,而在于人为的社会经济活动对这种森林固碳能力的影响,因此没有必要进行具体的森林碳储量估计,同时也可以避免数据不可获得和人为参数设定导致的碳库估计偏误。而具体的森林碳库和碳库变化的分析将在第 5～7 章展开。

3.3.1　理论和方法

1. 理论基础

森林生态系统并非独立于社会系统，而是嵌入到一定社会系统中。因此，虽然资源禀赋是决定森林演替过程的基础，但是人为因素，尤其是资源利用方式，可能对森林生态系统动态变化起到了更为重要的影响。从全球森林资源动态变化的过程来看，森林面积与经济增长可能存在 EKC 关系（Stern et al.，1996），由此衍生出森林转变理论（FT），认为全球可能存在规律性的森林面积演变模式（Mather，1992；Grainger，1995；Rudel et al.，2005）。即森林覆被随着经济增长一开始逐渐减少，后来又得以恢复和增长的过程。其中社会经济发展和制度变迁是主要的驱动因素。而现实中确实存在这样的现象，1949 年以来中国森林面积和蓄积量的变化轨迹正是一条先减少后增加的 U 形曲线，而中国经济增长和社会变革也与之同步。虽然这些经济增长与森林面积关系的假说仍然有待验证，并且森林资源的利用并非一定需要遵循某一特定模式，但这些理论为理解怎样的增长方式才能够避免森林资源的破坏和损失，实现社会系统和生态系统的和谐互动提供了理论依据。

2. 研究方法

本研究使用的估计方法是基于面板数据的计量模型。面板数据具有时间和截面两个维度，使用面板数据模型拥有能够控制与刻画个体异质性、减小变量之间的多重共线性、增大自由度、提供更多信息以及利于进行动态分析与微观个体分析等优势（Hsiao，1985）。一般的估计方法有混合 OLS、固定效应和随机效应。三者的主要区别在对个体效应的假定不同。那些不随时间改变，并且在多数情况下无法直接观测或难以量化的影响因素，一般称为个体效应或非观测效应。混合 OLS 假定不存在个体效应，而固定效应和随机效应则反映了个体效应存在的两种形态。固定效应假定个体效应与解释变量相关，而随机效用认为两者不相关。Mundlak（1978）指出，一般情况下我们都应当把个体效应视为随机的。而 Wooldridge（2000）认为，在大样本的情况下，随机效应估计量的标准误比对应混合 OLS 估计量的标准误更小；对于随时间变化的因变量，随机效应估计量比固定效应估计量更加有效；但对使用总量数据的政策分析而言，固定效应似乎总比随机效应更令人信服。因此需要通过一定方法对模型进行筛选和甄别。具体的检验过程包括：通过 F 检验比较混合 OLS 与固定效应，原假设 H_0 为模型不存在固定效应；通过 Breusch - Pagan LM 检验比较混合 OLS 与随机效应，原假设 H_0 为模型不存在随机效应；最后通过 Hausman 检验比较固定效应与随机效应，原假设 H_0 为随机效应的条件得到满足。

3.3.2　实证分析

1. 模型与变量

文献中研究森林资源动态变化主要考虑三方面的因素，分别是自然地理因素、人口变量、经济社会变量（Angelsen & Kaimowitiz，1999；Mather & Needle，2000；Barbier，2004；Köthke et al.，2013）。其中自然地理因素决定了森林资源禀赋和森林资源存量自然增长规律；人口变量决定人口增长对森林资源环境的压力；经济社会变量主要测度社会经济增长、产业结构变化、偏好改变等对森林资源利用的影响。本研究中影响森林蓄积的自变量主要考虑以下两个方面：

一是自然地理因素。自然地理因素一般包括森林面积、可造林面积、森林所处的地理位置和气候带、立地条件等。这些自然地理因素决定了森林的资源禀赋，除了面积外，其他因素都很难通过经济学变量来测度，因此本研究使用代表林区区位的虚拟变量来反映这些自然地理条件对森林蓄积的影响，用森林面积表示土地资源的约束，用森林面积和林业用地面积比来衡量树木郁闭成林的潜力。其他无法观察或量化的因素归入个体效应和随机扰动项。

二是社会经济变量。社会经济变量，主要考虑人均 GDP、林业产值、农业产值[①]、天然林保护工程和退耕还林工程的总投资额。其中，

---

① 这里的林业产值和农业产值是《中国统计年鉴》（国家统计局，2014）农林牧副渔总产值项下的林业产值和农业产值，主要包括第一产业和对第一产业生产活动的支持服务，其中林业包括树木的栽培（不包括茶园、桑园和果园栽培、管理和收获活动），木材和竹材的采运，林产品采集。

人均 GDP 反映人口因素和经济增长对森林资源存量和流量的影响；林业产值包含了价格因素和木材产量因素，林业产值和森林蓄积量的关系反映了市场和政策对森林蓄积的作用。农业产值用以测度非林业的第一产业对森林蓄积的影响，验证农林业之间是否存在竞争或替代关系；天然林保护工程和退耕还林工程是中国两项规模最大、持续时间最长、影响最为广泛的林业重点工程，工程投资情况测度了国家林业生态修复工程对林业发展的影响。其他不能测度的社会经济因素归入个体效应和随机扰动项。

具体的实证模型如公式（3-1）：

$$Y_{it} = \beta_0 + \beta_1 G_{it} + \beta_2 G_{it}^2 + \beta_3 F_{it} + \beta_4 Q_{it} + \beta_5 V_{it} + \beta_6 P_{it} + \beta_7 N_{it} +$$
$$\beta_8 C_{it} + \beta_9 D_{1it} + \beta_{10} D_{2it} + \beta_{11} D_{3it} + \cdots + \alpha_i + \varepsilon_{it} \quad (3-1)$$

方程（3-1）中，i 代表某省区市，t 代表时期，Y_{it} 为被解释变量，即森林蓄积量，G_{it} 为人均 GDP，G_{it}^2 为人均 GDP 的二次项，F_{it} 为森林面积，Q_{it} 为森林面积和林用地面积之比，V_{it} 为林业产值，P_{it} 为农业产值，N_{it} 为天然林保护工程的年度投资额，C_{it} 为退耕还林工程的年度投资额，D_{1it}、D_{2it}、D_{3it} 为所属林区的区位虚拟变量（表 3.5）。α_i 是随个体而变化的非观测效应。特异误差 ε_{it} 代表随时间而变化影响 Y_{it} 的非观测扰动因素。其中，β_0、β_1、β_2、β_3、β_4、β_5、β_6、β_7、β_8、β_9、β_{10}、β_{11} 为待估计参数。

表 3.5　林区虚拟变量的设定

林区	虚拟变量			包含的省区市
	D_1	D_2	D_3	
东北	1	0	0	黑龙江、吉林、内蒙古
西南	0	1	0	四川、重庆、云南、西藏
南方	0	0	1	安徽、浙江、福建、江西、湖南、湖北、广东、广西、海南、贵州
三北	0	0	0	辽宁、河北、北京、天津、山东、江苏、上海、山西、陕西、河南、宁夏、甘肃、青海、新疆

资料来源：林区的划分按照 Demurger 等（2009）。

2. 描述性分析

本研究通过 2004—2014 年《中国统计年鉴》《中国林业统计年鉴》《中国农村统计年鉴》收集整理了 2003—2013 年全国 31 个省区市（不包括香港、澳门、台湾）人均 GDP、林业用地面积、森林面积、森林蓄积量、农林业产值，以及天然林保护工程、退耕还林工程当年总投资额，形成 11 期共 341 个观测值的面板数据。数据基本特征如表 3.6 所示。从样本基本特征可以得知我国的经济发展水平、林业产业规模、森林资源和森林碳库分布状况、林业重点工程的投入，以及这些变量在全国的差异性。

表 3.6　样本的基本特征

变量名	观测数	均值	标准差	最小值	最大值
年份	341	2008	3.17	2003	2013
省份	341	16	8.957	1	31
森林蓄积（万 m^3）	341	41 294.81	56 064.37	33.24	226 606.4
单位蓄积（m^3/hm^2）	341	46.01	31.90	9.63	163.07
林地面积（万 hm^2）	341	944.99	888.99	2.25	4 403.61
森林面积（万 hm^2）	341	652.74	572.12	1.89	2 487.9
森林和林地面积的比例（%）	341	69.106	16.640	28.54	93.657
人均 GDP（元）	341	26 249.08	18 285.05	3 530.39	97 462.82
林业产值（亿元）	341	70.50	61.29	1.57	287.47
农业产值（亿元）	341	942.79	7.388	1.390	44.542
原木产量（万 m^3）	341	12 384.03	834.62	24.80	4 412.8
天然林工程总投资（万元）	341	31 538.16	68 733.87	0	538 034.3
退耕还林工程总投资（万元）	341	73 160.55	79 649.57	0	53 185.9

注：人均 GDP 为不变价格 GDP，通过世界银行 GDP 平减指数平减。

资料来源：2005—2014 年《中国统计年鉴》《中国林业统计年鉴》《中国农村统计年鉴》。

变量基本特征可以归结为以下几个方面：

第一，从经济指标看，我国经济发展存在区域的不平衡；林业部门占国民经济总量的比重非常小。2013 年人均 GDP 最大观测值（天津）是最小观测值（贵州）的 4.35 倍。从均值来看，林业总产值占国民生产总值的比重低于 1%；林业产值在农林牧副渔总产值中的比重为 4%；林业产值与农业产业的比值为 9%。从离散程度看，这种构成并没有区域差异，在全国范围来看高度统一。林业产值全国前 7 位的省区市分别是海南、云南、广西、江西、福建、安徽、湖南，均属于南方集体林区。从经济发展水平来看，这些木材产量高或者林业产业值相对高的地区除了海南、福建，都是经济次发达或欠发达的中西部地区。虽然林业产值在中国国民经济中的比重非常低，但不能够就此忽略林业发展的重要性，因为大部分的森林生态服务价值都是非市场化的价值，而恰恰是这些非市场化的价值为经济增长和社会发展提供了空间。忽略和低估这些非市场的价值，会导致森林生态服务供给的市场失灵和环境退化。因此需要在国民经济账户中纳入环境资产和其变化，考虑环境退化维护成本，非市场的生态服务价值，实行国民经济账户的绿色核算。

第二，森林资源存在分布不均、质量不高的特点。从资源的空间分布来看，中国森林资源集中分布在东北、南方和西南（共计 17 个省区市）。这三个地区森林面积和森林蓄积约占全国总量的 79.5% 和 87.8%，因此这三个地区的森林碳库是中国森林碳库的主要组成部分。其中，森林面积高于全国均值的 12 个省区分别是：内蒙古、黑龙江、云南、四川、西藏、广西、湖南、江西、广东、陕西、福建、吉林，总面积占全国总量的 70.9%。森林蓄积量高于全国均值的 8 个省区分别是：西藏、云南、四川、黑龙江、内蒙古、吉林、福建、广西，总蓄积占全国总量的 72.16%，因此这 8 个省区也是中国森林碳储量最大的省区。单位蓄积高于全国均值的省区是西藏、吉林、四川、云南、黑龙江、福建、内蒙古，因此这 7 个省区是中国森林固碳能力最强的省区。总体上，从经济发展水平来看，这些森林资源密集分布的地区，除广东、福建以外多属于中西部经济次发达或欠发达地区。也就是说，我国中西部经济欠发达和次发达地区提供了全国主要的森林碳汇服务。而森林资源相对贫乏的东部经济发达地区是森林碳汇服务的主要受益者。

第三，林业重点工程的实施有较强的目标瞄准性，集中投入到了生态区位重要或者生态环境脆弱的地区。十年间，这两大工程的年总投入约占林业年总产值的 14.42%。

3. 变量关系假设

第一，从国家层面看，自 20 世纪 70 年代末开始，我国森林资源总量随着经济增长在不断扩大；而从区域来看，我国中西部经济次发达或欠发达地区往往森林资源密集分布，而经济发达地区森林资源稀缺。因此并非区域简单的加总，在不考虑资源禀赋和历史原因的情况下，经济发展水平与区域森林蓄积量之间的关系仍然是不明确的。

第二，讨论林业产值和森林蓄积量的关系，需要首先考虑市场的扭曲程度和林业产权的安排。在完全竞争市场上，木材价格和供给需求由市场机制来决定。林业产值相对高反映出从事林业生产有利可图，能够激励经营者扩大再生产。如果产权完备，理性的经营者会根据价格和利率合理调整轮伐期，实现利润最大化，并不会出现涸泽而渔的情况。因此在产权完整的完全竞争市场上，林业产值和森林资源存量是正相关的关系。在中国，木材市场高度扭曲，国家法律和规章不允许对森林资源的破坏，经营者必须在保证森林蓄积稳定增加的情况下获取木材，因此林业产值与森林蓄积量也应该是正相关的关系。

第三，如果不考虑宏观政策和市场竞争程度的差异，农业与林业发展存在土地要素投入上的竞争，农业产值的大小反映出发展林业的机会成本。理论上与林业发展是负相关的关系，但具体还要考虑农林产业的结构，以及国家的土地政策和林业政策的差异性。因此农业产值与森林蓄积量的关系尚不明确。

第四，林业重点工程理论上都应该起到增加森林蓄积总量的作用，但这种作用的大小取决于林业重点工程的发展目标和实施效果。

第五，东北、南方和西南三大林区的区位虚拟变量对森林蓄积量应该是正向的影响。但从单位蓄积看，南方集体林区森林单位蓄积仅为全国平均水平的 60%，森林质量较差，因此除了这一地区的区位虚拟变量对森林单位蓄积影响为负外，其他两个区位虚拟变量对单位蓄积应该是正向的影响。

第六，森林面积与蓄积量是正相关的关系。森林与林业用地面积的比率反映了森林面积扩大的可能性，因此也与蓄积量是正相关。森林面积和林业用地面积虽然是自然地理属性的变量，但实际上反映出国家土地政策和林业政策对森林资源的影响。

表 3.7 变量关系的假定

自变量	森林蓄积
人均 GDP	?
人均 GDP^2	?
森林面积	+
森林和林业用地面积比例	+
林业产值	+
农业产值	?
天然林保护工程	+
退耕还林保护工程	+
东北、西南林区虚拟变量	+
南方林区虚拟变量	+

4. 估计结果和解释

采用 Stata12 对方程（3-1）分别进行了混合 OLS、固定效应和随机效应的估计。然后对三种模型估计结果进行了 F 检验、Breusch-Pagan LM 检验和 Hausman 检验。模型 F 检验值为 2 391.75，因此拒绝原假设 H_0，即不能拒绝模型存在固定效应；Breusch-Pagan LM 检验值为 1 341.62，因此拒绝原假设 H_0，即不能拒绝模型存在随机效应；最后 Hausman 检验进行固定效应和随机效应的比较，检验结果为31.93，表示应该选择固定效应模型。

固定效应模型的优点是可以解决反映个体差异的不随时间变化的变量遗漏问题。森林资源的生物物理属性，如地理位置、气候、土壤状况、立地条件等都是不随时间变化，但又是对森林蓄积和固碳能力有重要影响的变量，并且难以量化，用固定效应能够较好地解决这些变量遗漏问题。具体的估计结果如表 3.8 所示。固定效应模型的拟合优度0.79，参数联合检验显著，说明模型具有解释力。但是，代表资源禀赋差异的林区虚拟变量被差分消除了，因此无法观测到这些变量对因变量的影响。但这不影响研究意义，因为这里重点关注的是社会经济变量。

估计结果显著的变量有人均 GDP、人均 GDP 的二次项、森林面积、林业产值、农业产值和天然林保护工程，因此这几个变量是在不考虑资源禀赋差异和其他个体效应的情况下，对中国森林蓄积量和碳储量起到主要影响的变量。

表 3.8 实证模型估计结果

自变量	模型估计结果		
	混合 OLS	固定效应	随机效应
人均 GDP	−0.367	−0.113***	−0.125***
	(0.259)	(0.001)	(0.001)
人均 GDP 的平方	0.000	0.000***	0.000***
	(0.617)	(0.009)	(0.006)
森林面积	87.948***	32.025***	34.517***
	(0.000)	(0.000)	(0.000)
森林面积与林地面积比例	809.526**	39.416	34.641
	(0.034)	(0.179)	(0.258)
林业产值	−64.553	39.431***	39.109***
	(0.584)	(0.000)	(0.000)
农业产值	−6.509*	1.062**	1.002**
	(0.070)	(0.011)	(0.022)
天然林保护工程	0.028	0.017***	0.016 2***
	(0.454)	(0.000)	(0.000)
退耕还林工程	−0.058	−0.002	−0.002
	(0.188)	(0.494)	(0.485)
东北林区虚拟变量	−30 723.50	—	41 247.9**
	(0.358)		(0.013)
西南林区虚拟变量	14 835.89	—	36 604.18***
	(0.203)		(0.010)
南方林区虚拟变量	−37 994.50***		−18 981.92*
	(0.001)		(0.065)
常数项	−36 844.61*	16 236.41***	12 017.12*
	(0.051)	(0.000)	(0.076)

（续）

自变量	模型估计结果		
	混合 OLS	固定效应	随机效应
个体效应方差估计值	—	41 494.081	24 668.643
随机干扰项方差估计值	—	1 859.271	1 859.271
R^2	0.842	0.791	0.794
参数联合检验	74.82 ***	143.47 ***	1 126.03 ***
F 检验		2 391.75 ***	—
Breusch‑Pagan LM 检验		—	1 341.62 ***
Hausman 检验		31.93 ***	

注：括号内为统计量对应的 P 值；* , ** , *** 分别表示在 10%，5% 和 1% 的显著性水平上显著。

研究结果主要体现在以下几方面：

第一，在不考虑其他影响因素下，森林蓄积的消耗和人均 GDP 存在 EKC 关系。需要重点指出的是，控制变量中考虑了森林面积，因此这里的森林蓄积与人均 GDP 的关系反映出控制森林面积不变之后，森林质量与经济增长的关系。当人均 GDP 低于 67 627.18 元时，森林蓄积量与人均 GDP 是负相关的关系；当人均 GDP 大于这一临界值时，森林蓄积量会随着经济增长而增加。因此对应的森林碳储量与人均 GDP 的关系也是 U 形的曲线。按照 2013 年的数据，国内已经跨越这一临界点的省市有北京、天津、上海、江苏、浙江（中国统计年鉴，2014）。导致这种 EKC 关系的主要原因包括经济增长导致的偏好改变和技术进步。偏好改变表现为：政府生态治理支出份额的提高，广泛开展林业生态修复工程，加大对森林资源集中分布的偏远落后地区的转移支付等。从市场来看，森林生态服务是高需求收入弹性的产品，随着收入提高，市场对森林生态服务的需求会逐渐增大。技术进步则表现为：清洁能源替代薪材，淘汰落后产能，木材利用率提高，传统林业产业转型升级等。同时也说明了森林碳汇服务是一种高需求收入弹性产品。

第二，森林面积与森林蓄积量正相关，森林面积增加 $1hm^2$，蓄积量增加 $32.03m^3$。也就是说新增森林的单位蓄积是 $32.03m^3/hm^2$，小于样本均值

$46.01\text{m}^3/\text{hm}^2$，也小于《第八次全国森林资源评估》中 $72.77\text{m}^3/\text{hm}^2$ 的蓄积值[①]。导致新增森林蓄积水平偏低的原因，既包括森林面积扩张过快，也包括森林蓄积增长缓慢。因此过度强调造林面积指标，而忽略森林质量的改善，是一种粗放的森林经营方式，可能是当前林业发展的主要问题。所幸的是，这一问题已经逐渐被关注和重视，如 FAO（2011）在《2010 年全球森林资源评估》提出的："森林面积本身并不能说明是什么类型的森林，森林健康状况如何，能提供什么惠益，及森林得到妥善管理的程度""立木蓄积和碳储量可以被看作是同等重要的参数，因为它们能够显示森林是否退化，以及它们能在多大程度上减缓气候变化"。中国政府 2015 年新一轮的自主减排承诺相对于 2009 年的自主减排承诺，不再提出森林面积扩大的目标，而是更加强调了通过增加森林蓄积来提高森林碳汇能力，体现出国家林业发展思路正由粗放型经营向集约型经营转变。

第三，林业产值与森林蓄积量是正相关的关系，林业产值提高 1 亿元，森林蓄积量提高 39.43 万 m^3。林业产值可分解为木材产量和价格两个变量。其中价格因素来自于市场的经济激励，在中国当前的法律制度和林业政策约束下，林业经营者不可能通过对资源过度获取的方式扩大林业生产，因此必须通过提高森林质量来扩大生产可能性边界。而从木材产量的角度看，这并非市场效应，而是体现出中国木材采伐限额制度与森林蓄积量的相关性。国家《森林法》规定了"用材林的消耗量低于生长量的原则"。因此除非不可抗因素的干扰，如雪灾，每个五年计划内木材生产量保持稳定，并且木材的消耗小于森林蓄积的增长。森林采伐限额在全国范围内分配。理论上，应该是森林蓄积量大、森林质量好的地方分配得更多。木材采伐为这些地区带来了经济收益，这些地区不仅要进行木材采伐，还需要维持森林蓄积的稳定增长，从而会更加注重森林生产能力的提高。总体而言，由于森林资源的特殊性，"市场机制"这一看不见的手在我国木材生产领域还未发挥应有的作用。也使得

---

① 根据第八次全国森林资源清查结果，全国森林面积 2.08 亿 hm^2，森林覆盖率 21.63%。活立木总蓄积 164.33 亿 m^3，森林蓄积 151.37 亿 m^3 计算。

我国总体上森林蓄积水平偏低，并且在很长的一段时期内都难以有效改善。激发我国森林经营的活力，提高森林生产能力和应对气候变化的能力，需要从根本上发挥市场机制在资源配置中的作用，在保证生态红线的基础上，放活商品林，调动广大林农和社会力量建设林业的积极性。并且还需要强调产业结构的优化转型和升级，如发展壮大以生态旅游与休闲康养为主的第三产业。这不仅能够产生较高的经济收益和就业效应，还能够降低森林资源获取的强度，改善森林质量，扩大森林生态服务的供给。

第四，农业产值与森林蓄积量正相关，农业产值增加 1 亿元，森林蓄积增加 1.06 万 m³。说明当前中国农业一产和林业一产并不存在竞争或替代关系。首先，产业规模上不存在替代关系，以木材采集为主的林业一产在农业产值中的比重相当小，从样本均值来看林业产值仅为农业产值的 9%。其次，土地要素投入上也不存在替代关系，在国家严格的土地用途管制下，土地资源要素在农业和林业投入中的分配，并不反映价格机制的作用，而是取决于国家宏观政策，如退耕还林工程。此外，农业产值与森林蓄积的正相关可能反映出林业和农业发展的和谐共生关系。在我国已经有千年历史的农林复合系统正体现了这种和谐共生关系，典型的例子有太湖流域的"桑田鱼塘"、珠三角流域的"桑基鱼塘"、江淮地区的"农茶间做"和当前政府倡导的"林下经济"和"农田林网建设"等。农林复合系统是一种高效人工的生态系统，从 20 世纪 70 年代末农村经营体制改革后在全国开始普遍开展。研究表明，我国北方平原的农林复合系统实践，不仅能够通过植树造林吸碳固碳，还能改善生态环境，增加土壤肥力，提高农业效率，使农户获得多方面的收益（Yin & He，1997），是一项具有综合效益和经济有效性的碳汇策略（Xu，1999）。通过农林复合系统实践的减排增汇也已经被纳入联合国气候变化框架公约中（Nair et al.，2010），并且在北美碳市场上也有相关的碳汇交易项目。此外，森林为乡村旅游业的开展提供了休闲娱乐场所、景观服务和良好的生态环境。因此优化农林业产业结构，扩大以乡村休闲旅游为代表的第三产业，促进农林业一二三产融合发展，也依赖于农林业之间的和谐共生关系。

第五，天然林保护工程与森林蓄积量是正相关的关系，天然林保护工程年度总投资增加 1 万元，森林蓄积量增加 170m³。按照这样的测度，2003—2013 年天然林保护工程供给投入 1 058.394 3 亿元，使得森林蓄积量增加 18 亿 m³，约相当于 2013 年全国森林总蓄积量的 11.89%，共计新增碳汇 795.36Tg。而退耕还林工程对森林蓄积的影响并不显著，似乎有悖于常理，可能的原因包括以下几个方面：退耕还林是在原来的无林地、疏林地、坡地上通过造林和再造林来扩大森林面积，因此工程瞄准的恰恰是原本森林蓄积量相对低的区域，因此从全国统计数据看蓄积量低的区域，退耕还林的投入就高；并且这些新增的林地需要较长的时间才能郁闭成林，可能并没有统计在森林蓄积的范围内，所以总体上森林蓄积量与退耕还林投资额的关系并不显著。而天然林保护工程瞄准的是原有的天然林或天然次生林，这些林分本来就有较高的森林蓄积，越是天然林蓄积量大的地区越需要保护，因此投入额和蓄积量是正相关的关系。但可能也反映出一些退耕还林工程实施的问题，比如对森林面积指标的过度强调。Yin 等（2010）认为中国林业重点工程主要依靠政府投入和行政手段，造林面积的快速扩张是长久以来的发展目标，造林更新以后的各项管理活动，诸如抚育、间伐等还没有很好地纳入当前生态恢复和资源扩大的工程项目中去。因此可能出现委托代理的问题，如农民为了提高造林成活率，获得补贴款，会高密度栽植，从而导致森林质量低劣，生长率低下。同时后续的抚育工作不到位，使得林分生长状况不尽如人意。因此退耕还林工程后续的开展，需要更加注重效率和生产力的提高。

3.3.3 主要结论

资源禀赋是决定森林蓄积量和碳储量大小及分布的主要原因，但人为的经济社会活动也与森林蓄积量和碳储量的动态变化存在显著的相关性。其中主要的影响因素有人均 GDP、森林面积、林业产值、农业产值和天然林保护工程。主要结论有以下几点：

第一，森林碳汇服务是高需求收入弹性产品。当经济达到一定水平，偏好的改变和技术进步会使森林质量得到改善，森林生态服务的供给增加。

第二，改革开放以来，中国森林造林和再造林取得的成果是举世瞩目的，但森林质量不高也是客观事实，从而影响了森林固碳潜力的发挥。后续的林业发展应该首先从战略高度强调森林质量改善的重要性，从粗放式的森林增长转变为集约型的森林增长。

第三，林业产值对森林蓄积量的增加存在正面激励。从根本上激发中国森林经营的活力，加强森林碳汇服务减缓气候变化的能力，需要深化林权改革，实施木材采伐限额制度和林业税费改革，发挥市场机制在资源配置中的作用。

第四，由于国情和林情的特殊性，农业和林业发展在中国并不存在竞争和替代关系，而是和谐共生的关系。林业产生的生态效益，有助于农业生产效率的提高。农林复合系统是和谐共生关系的典型代表，并且是一种具有多种效益的碳汇发展模式，未来有较大发展前景。此外，这种农林业和谐共生的关系，也有利于以乡村休闲旅游为代表的第三产业的发展，从而有利于传统农林业的转型升级和农村劳动力的就近就地转移。

第五，天然林保护工程使中国森林碳储量扩大了约 11.89%。然而，退耕还林工程与森林蓄积量的关系并不显著，可能的原因在于退耕还林工程实施过程中过度关注林地面积扩张，而忽略了后续的经营管理。

3.4 本章小结

本章对世界和中国森林资源状况、森林碳源汇状况进行了介绍和分析；通过实证的方法探讨了中国森林蓄积量和碳储量的影响因素，主要结论和启示如下：

第一，全球森林资源总量大，但分布不均。过去的十年中，世界范围内毁林的情况有所缓解，但森林的净损失仍然大于净增长，因此当前世界森林仍然是碳排放源。森林净损失导致的碳排放源来自南美洲、非洲和大洋洲。资源禀赋是决定森林碳储量的先决条件，但资源利用方式决定了森林生态系统碳源汇的作用。应该从"社会—生态系统"耦合的角度理解森林生态系统和社会系统之间的关系。

第二，当前中国森林资源的总体特征是："总量相对不足、质量不高、分布不均"。20 世纪 70 年代末期开始的经济发展和制度变革使森林资源存量从净损失转变为净增长，因此对应的森林碳库也呈现同样的 U 形变化轨迹。东北、西南和南方林区是中国主要的森林碳库。森林密集分布的中西部经济欠发达和次发达地区提供了主要的森林碳汇服务，而森林生态服务的价值并不纳入当前国民经济账户。经济发达地区森林资源相对贫乏，但同时又是中国主要的工业碳排放源，因此对森林碳汇服务的需求也在增加。建立和完善生态补偿机制，开展碳排放权交易不仅是出于生态保护的需要，更关系到效率和公平。

第三，实证研究的结果说明，在不考虑资源禀赋差异和其他非观测的个体效应的情况下，对中国森林蓄积量和碳储量存在显著影响的变量有人均 GDP、森林面积、林业产值、农业产值、天然林保护工程投资额。

综上所述，本章侧重于现状的分析，并且没有考虑开放经济下的大国效益，也未就林业碳汇潜力进行研究。维持和强化林业碳汇应对气候变化的作用，不仅需要掌握历史和现实的情况，更需要在考虑全球经济一体化背景下，未来不同发展情景中的森林碳汇供给的潜力。中国经济新常态、碳交易体系建立、林业发展的新定位是中国林业发展面临的最主要、最重要和最现实的发展情景。在后续章节中，将着重讨论这三个发展情景下，中国森林碳汇供给的潜力。

第4章 林业碳汇潜力研究方法

本章着重介绍后续三章中需要使用的研究方法。其基本逻辑结构是：首先根据中国经济发展和制度变迁的实际情况，分析出不同的发展情景；然后运用全球林产品模型——GFPM模拟这些情景下的森林资源、林产品生产、贸易的动态变化；最后利用模拟得到的数据，使用IPCC方法计算得到不同发展情景下中国森林碳库和碳库变化的预测结果（图4.1）。

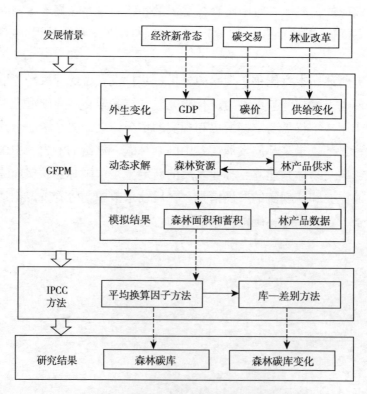

图 4.1 中国林业碳汇潜力研究的逻辑框架

4.1　全球林产品模型

4.1.1　模型结构

由于总体上林业部门在世界经济总量中所占的份额较小，全球林产品模型（Global Forest Product Model，GFPM）[①] 模型假定，全球林业部门发展依赖于宏观经济环境，如 GDP 和人口，但是宏观经济并不会受到林业部门发展的影响（Buongiorno & Zhu，2013），这也与中国的实际情况相符合。

GFPM 中的林产品结构包括初级产品、中间产品和最终产品三类。初级产品为工业性原木、其他工业性原木、薪材以及回收纸和其他纤维浆；中间产品为化学浆和机械浆；最终产品分为两类，木材制品类（包括其他工业性原木、薪材、锯材、刨花板、纤维板）以及纸制品类（包括新闻纸、打印纸和书写纸、其他纸和纸板），如图 4.2 所示。

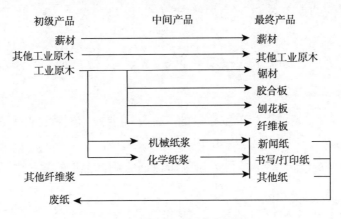

图 4.2　GFPM 产品加工过程

资料来源：Buongiorno 等（2003）。

[①]　本研究使用的是 GFPM2015 版，资料来源：Buongiorno J. & Zhu S. Calibrating and Updating the Global Forest Products Model. Staff Paper Series #81. Department of Forest Ecology and Management，University of Wisconsin，Madison，WI，2015. http：//labs. russell. wisc. edu/buongiorno/welcome/gfpm/2015－4－6。

在 GFPM 模型结构中每个经济体可分为初加工部门、制造部门、进出口部门和消费部门。各部门在给定约束条件下福利最大化；经过整合，再加上地区供求平衡约束条件，构成了地区福利最大化。在各地区整合的基础上，加上进出口平衡约束条件，构成了全球福利最大化问题。模型求解过程分为静态和动态两个部分，静态部分对应的是市场的短期均衡，其目标函数是：

$$\max Z = \sum_i \sum_k \int_0^{D_{ik}} P_{ik}(D_{ik})dD_{ik} - \sum_i \sum_k \int_0^{S_{ik}} P_{ik}(S_{ik})dS_{ik}$$

$$- \sum_i \sum_k \int_0^{Y_{ik}} m_{ik}(Y_{ik})dY_{ik} - \sum_i \sum_j \sum_k c_{ijk}T_{ijk} \quad (4-1)$$

式中，Z 表示林产品市场所有生产者和消费者剩余；i，j 表示国家；k 为林产品；P 为以美元为单位的不变价格；D 为最终产品的需求；S 为原材料的供给；Y 为加工数量；m 为加工成本；T 为产品运输的数量；c 为运输成本（包括关税在内）。所有变量对应某一特定年份。在进行预测时，连续市场均衡之间的周期可以大于等于一年。

主要的约束条件包括物质平衡（式 4-2、式 4-3）和贸易惯性（式4-4）：

$$\sum_j T_{jik} + S_{ik} + Y_{ik} - D_{ik} - \sum_n a_{ikn}Y_{in} - \sum_j T_{ijk} = 0 \quad \forall i, k$$

$$(4-2)$$

式中，a_{ikn} 表示生产单位数量的产品 n 需要投入要素产品 k 的数量。

$$Y_{il} - b_{ikl}Y_{ik} = 0 \quad \forall i, k, l \quad (4-3)$$

式中，b_{ikl} 是产品 k 单位产量中可以回收副产品 l 的数量。

$$T_{ijk}^L \leqslant T_{ijk} \leqslant T_{ijk}^U \quad (4-4)$$

其中上标 L 和 U 分别表示下限和上限。

由式（4-1）至式（4-4）可以求解出短期市场出清时的均衡价格、供给量、需求量、加工量以及贸易量。

长期均衡由一系列短期均衡组成，如图 4.3 所示。在动态阶段，通过逐期递归的方式实现参数的更新，预测期在基期均衡解的基础上导入外生变量值，不断重复静态阶段和动态阶段，从而能够得到预测期每一期的均衡解，直至预测期结束。

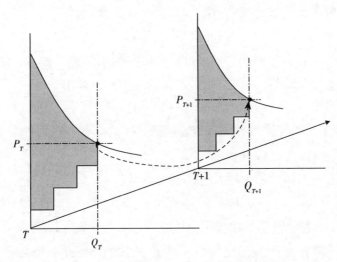

图 4.3 GFPM 的市场静态均衡和动态均衡

资料来源：Buongiorno 等（2003）。

本研究中所设定的主要的外生变化，包括经济增长率降低、国内碳交易体系建立、天然林商业性采伐。这三个部分研究涉及的动态求解[①]如下：

需求动态变化为：

$$D^* = D_{-1}(1 + \alpha_y g_y + \alpha_0) \tag{4-5}$$

式中，D 为需求；g_y 为当期 GDP 增长率；α_y 为需求对 GDP 的弹性；α_0 为周期性趋势。

原木供给动态变化为：

$$S^* = S_{-1}(1 + \beta_I g_I + \beta_a g_a) \tag{4-6}$$

式中，S^* 为上期均衡价格条件下，当期的原木的供给（包括工业性原木和薪材）；g_I 为当期森林蓄积变化率（内生）；g_a 为当期森林面积变化率；β 为弹性。

上期均衡价格下当期的废纸和其他纤维浆的供给公式为：

$$S^* = S_{-1}(1 + \beta_y g_y) \tag{4-7}$$

---

① 公式中涉及的增长率，均为几何平均增长率。

森林资源动态求解见式（4-8）至式（4-14）。

$$A = (1+g_a)A_{-1} \qquad (4-8)$$

式中，A 为森林面积；g_a 为森林在某周期的增长率，由森林面积年增长率 g_{aa} 和该周期时间长度（包含的年数）换算出。

$$g_{aa} = (\alpha_0 + \alpha_1 y')e^{\alpha_2 y'} \qquad (4-9)$$

$$y' = (1+g_{y'})y'_{-1} \qquad (4-10)$$

式中，y 为人均 GDP。

森林蓄积的演替通过增长—消耗方程计算：

$$I = I_{-1} + G_{-1} - pS_{-1} \qquad (4-11)$$

式中，I 表示当期森林蓄积；$G_{-1} = (g_a + g_u + g_u^*)I_{-1}$ 是上一期未采伐的情况下森林蓄积的变化量；g_u 为未采伐的情况下，既定面积的森林蓄积周期性增长率，由年增长率 g_{ua} 计算出，即 $g_{ua} = \gamma_0 \left(\dfrac{I_{-1}}{A_{-1}}\right)^{\sigma}$，这里 σ 是负数，因此 g_{ua} 使单位蓄积减少；g_u^* 是未采伐情况下，既定面积调整的森林增长率，用来模拟直接影响森林蓄积的外生变化，如外来物种入侵、气候变化等。

森林蓄积周期性的开采率为：

$$g_I = \frac{I - I_{-1}}{I_{-1}} \qquad (4-12)$$

在经济增长情景中，通过设定预测期 GDP 和人均 GDP 来模拟经济增长对森林资源和林产品市场的影响。经济增长率一方面通过影响林产品市场的需求和供给（式4-6、式4-7）从而影响均衡价格，再影响森林资源存量；另一方面通过森林 EKC 曲线、增长—消耗方程（式4-8 至式4-11）影响到森林面积和蓄积。

在碳交易情景中，主要的外生变量为碳价。碳价的变化量将会影响到均衡价格：$P = \alpha + \beta Y + \omega(C - C_{-1})$。其中 C 为碳价或者称对森林碳汇生态补偿的价格，ω 为木材采伐造成的森林生物量损失，单位为 t/m³（Buongiorno & Zhu, 2013）。

在天然林禁伐情景中，主要的外生变量为原木供给的外生增长率，即天然林全面停止商业性采伐和国有林场改革使得国内木材供给减少的比率。

GFPM 虽然并不是专门为估计碳汇而开发的模型，但能够对外生变化下未来森林资源、林产品市场的动态变化作出预测，预测结果能够为森林碳库估计提供数据。GFPM 模型和碳汇模型的结合，可以预测未来较长时期内，各种外生变化下森林碳库和碳库变化。

4.1.2　数据说明

GFPM 中除了预设的参数，还需要现实的数据来对模型进行校准。其中主要的数据包括林产品贸易数据、森林资源数据和经济数据。林产品贸易数据的来源是 FAO 数据库（FAOSTAT），这一类数据包括各个国家 14 组林产品在模型基年的生产量、进出口量和进出口额。森林资源数据包括各个国家基年森林面积、面积增长率，以及森林蓄积和蓄积增长率，数据来源是 FAO 全球森林资源评估。此外还需要经济数据，包括历年各国的 GDP 和人口数量，以及历年的 GDP 通胀指数，这类数据的来源是世界银行数据。

4.2　森林碳库及其变化的估计方法

《京都议定书》和《联合国气候变化框架公约》要求成员国定期评估和报告各国温室气体排放情况，其中包括反映森林储量变化的碳排放和清除量。为此，IPCC 制定了相关准则、方法和参数默认值（IPCC，2006：4.1-4.82）。需要指出的是，由于对森林定义的差异，《京都协议书》和《联合国气候变化框架公约》要求报告的森林碳储量与各国向 FAO 报告的数值可能不同（FAO，2011：44）。本研究森林资源的数据来源是《2010 年全球森林资源评估》，因此相关概念、定义和参数设定均以 FAO 文件[①]为准。FAO《2010 年全球森林资源评估》中报告的森林生物量、森林碳库的估计采纳了 IPCC（2006）的评估标准和方法，

---

① 资料来源：粮农组织（FAO），全球森林资源评估 2005—可持续森林管理进展，罗马：粮农组织林业文集第 147 号，2006：169-172，粮农组织（FAO），全球森林资源评估 2010，罗马：粮农组织林业文集第 147 号，2010：209-213.

计算的参数完全在 IPCC 最新准则所规定的缺省值范围以内（IPCC，2006）（FAO，2011：41）。

4.2.1 概念界定[①]

要对森林碳库和碳库变化进行准确估计，需要首先对相关概念进行清晰界定。以下定义基于《2006 年 IPCC 国家温室气体清单指南》（IPCC，2006）。

森林。面积在 0.5hm² 以上、树木高于 5m，树冠覆盖率超过 10%，或者树木在原生境能够达到这一阈值的土地。不包括主要用于农业或城市的土地。森林的决定因素是树木为主体的构成，而不存在其他占支配地位的土地利用方式。树木在原生境应该至少到达 5m 高度。其中包括林冠和树高尚未达到，但预计能分别达到 10% 和 5m 的再造林地区，也包括由于人类干预或者自然原因导致的临时性无林分，但树木将再生恢复为森林的地区。包括符合高度、林冠覆盖阈值的竹子和棕榈树的面积；森林道路、防火带和其他小型空地；国家公园、自然保护区和诸如具有特殊科学、历史、文化或宗教意义的其他保护地中的森林；面积超过 0.5hm² 和宽度超过 20 米的防风林带、防护林带和树林走廊；主要用于林业或者防护目的的人工林，如橡胶木种植园和栓皮栎木林分。不包括：农业系统中的林分，如果树种植园和农林兼做系统，亦不包括城市公园和园林中的树木。

立木蓄积。所有胸径超过 Xcm 活的树的带皮材积。包括地面以上的茎，或到顶端高度为 Ycm 的树桩，并且还可以包括最小直径为 Wcm 的树枝。如果这些树桩高于 1m，则测量板状根以上 30cm 处的直径。包括风倒的活体树，但不包括较小的树枝、细枝条、树叶、花、种子和根。

出材蓄积。或称出材材积，是采用蓄积量的条件所定义的，所有树木的带皮材积。此外，还可用于蓄积量以及年净增量和木材清除量。

---

① 政府间气候变化专门委员会（IPCC），2006 年 IPCC 国家温室气体清单指南，神奈川：日本全球环境战略研究所，2006：4，4.70－4.76.

生物量。地上和地下以及活的和死的有机材料，如树木、作物、草、枯枝落叶、根茎等。生物量包含地上和地下生物量的集合定义。

地上部生物量。土壤以上的所有草本活体植物和木本活体植物生物量，包括茎、树桩、枝、树皮、籽实和叶。

地下部生物量。活根的全部生物量。直径不足（建议的）2mm 的细根有时不计在内，因为经常无法凭经验将它们与土壤有机质或者枯枝落叶区别开来。可以包括伐根的地下部分。

根冠比例。或称根茎比例，是指地下部生物量与地上部生物量的比例；适用于地上部生物量，地上部生物量的增长和生物量清除。

枯木生物量。包括所有非活生物量，其直径大于对土壤有机质的限定（建议 2mm）而小于国家选定的最小直径（例如 10cm）、在矿质土或有机质土上已经死亡的、腐朽状况各不相同。包括通常定义在土壤类型中的枯枝落叶层。在凭经验不能加以区分时，矿质土或有机土上的活细根（小于建议的地下部生物量最小直径限度）均列为枯枝落叶。

死活比例。是用死木干重除以总活生物量（地上和地下）。

生物量换算和扩展系数（BCEF）。倍增系数，分别将出材蓄积量、年净增量的出材材积或木材清除及燃木清除的出材材积，换算成地上部生物量、地上部生物量生长量或生物量清除量。可分为蓄积量（$BCEF_S$）、年净增量（$BCEF_I$）和木材清除和燃木清除（$BCEF_R$）的生物量换算和扩展系数。

生物量扩展系数（BEF）。倍增系数，将生物量蓄积量、生物量增量的干物质和木材清除或燃木清除的生物量进行扩展，以计算非出材或非商业生物量组分，如树桩、树枝、细枝条、树叶以及有时为非商业树等。

基本木材密度。烘干质量和新鲜茎木材材积（不含皮）的比例。

碳含量。某一池或池的组成部分中的绝对碳量。

碳比例。每吨干物质生物量中的 t C。

地上生物量碳。包括茎、伐根、树枝、树皮、籽实和叶子在内的所有地上活生物量中储存的碳。

地下生物量碳。活根的所有生物量中的碳。不包括直径不足 2mm 的细根，因为经常无法凭经验将它们与土壤有机质或枯枝落叶区别开来。

死木碳。指枯枝落叶中未包含的所有非活木质生物量中的碳，无论是立木还是地上倒木或是土壤中的碳。枯木包括地面倒木、枯根以及直径大于或等于 10cm 或国家指定的任何其他直径的伐根。

枯枝落叶碳。包括处于矿质土或有机土上面的、腐朽状况不同的、小于最小直径（即 10cm）的枯木中的所有非活木质生物量中的碳。

土壤碳。特定土壤深度的矿质土和有机土（包括泥炭）中的有机碳，该深度由国家选定并统一应用于整个时间序列。

碳循环。是指碳元素在自然界的循环状态。陆地农林及其他土地利用生态系统中的广义碳循环包括由于连续过程（即生长，衰减）和离散事件（即扰乱，如采伐、火烧、虫灾、土地利用变化和其他事件）引起的碳库变化，如图 4.4 所示。

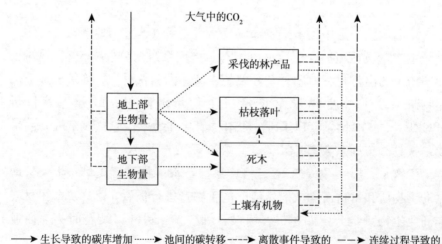

图 4.4　陆地农林和其他土地利用生态系统中的广义碳循环

资料来源：《2006 年 IPCC 国家温室气体清单指南》（2006，第四卷：2.8）。

碳库。或称碳储量，是指某一"贮存池"中的碳含量，是有能力累积或者释放碳的贮存所或者系统。例如：活生物量（包括地上和地下部生物量)、死的有机质(包括枯木和枯枝落叶)、土壤(土壤有机质)。

碳汇/碳源。由于增加和损失引起的某一"贮存池"碳库的变化。当损失大于增加时,库减少,"贮存池"表现为一种源;当增加大于损失时,"贮存池"累积碳,"贮存池"表现为一种汇。

4.2.2　计算方法

区域尺度森林生物量的估算方法一般有三种:"平均生物量法""平均换算因子法""换算因子连续函数法"(方精云,2000;Fang & Wang,2001)。"平均生物量法"是首先利用野外实测数据得到该类型森林的平均生物量,再乘以森林面积(Lieth & Whittaker,1975;Brown & Lugo,1982)。"平均换算因子法"指使用生物量换算因子(biomass expansion factor,BEF)的平均值乘以该森林类型的总蓄积,得到该类型森林的总生物量。"换算因子连续函数法"考虑了 BEF 随林龄、立地、个体密度、林分状况等不同而变化的情况,用林分材积为换算因子的函数,表示 BEF 的连续变化(方精云,2000;Fang & Wang,2001)。

国家尺度的研究一般采用"平均换算因子法"(Turner et al.,1995;Alexeyev et al.,1995;Fang et al.,1998;FAO,2011)。由于国家层面森林面积和蓄积数据可通过森林资源清查获得,再应用"平均换算因子"可以较为便捷地估算出总生物量,这也是本研究采用此方法的原因。具体的计算步骤参照《2006 年 IPCC 国家温室气体清单指南》:生物量增长以出材材积或地上部生物量计算;在估算出地上部分生物量后,地下部分的生物量可以由地上部生物量与地下部生物量的比例(根冠比)换算出,地上和地下生物量加总可得到总活生物量;或者,可采用生物量换算和扩展系数($BCEF_S$)直接将出材材积换算为总活生物量。但如果 $BCEF_S$ 值不存在,并且生物量扩展系数(BEF)和基本木材密度(D)的值是可分别估算的,便可作如下换算:$BCEF_I = BEF_I \cdot D$。得到总活生物量之后,按照"死—活比例"计算出死木干重。将活生物量和死木干重加总得到总的森林生物量,再乘以干物质的含碳率(CF)可计算出森林碳库,具体公式如下:

$$C = \sum_{i,j} \left\{ A_{i,j} \cdot V_{i,j} \cdot BCEF_{S_{i,j}} \cdot (1 + R_{i,j}) \cdot (1 + RDW_{i,j}) \cdot CF_{i,j} \right\}$$

$$(4 - 13)$$

式中：C 为时间 t_1 到时间 t_2 生物量中总碳量；A 为相同类型土地利用类别的土地面积，hm^2；V 为出材蓄积量，m^3/hm^2；i 为生态带 i（$i=1-n$）；j 为气候域 j（$j=1-n$）；R 为地下部生物量/地上部生物量；RDW 为死木干重/（地上部生物量＋地下部生物量）；CF 为干物质的含碳率；$BCEF_S$ 为将出材蓄积量转换为地上部生物量的生物量转化和扩展系数。

由于本研究基于国家尺度，这里并不考虑各个省区的生态带和气候带的差异，因此上述模型可简化为：

$$C = A \cdot V \cdot BCEF_S \cdot (1+R) \cdot (1+RDW) \cdot CF$$

$$(4-14)$$

对于碳库变化的估算，《2006 年 IPCC 国家温室气体清单指南》提供了 2 种完全不相同但同样有效的估算方法：①基于过程的方法，用来估算添进和清出碳库的净平衡；②基于库的方法（库—差别方法），用来估算 2 个时点碳库的差异。由于数据的不可获得性，本研究中采用基于库的方法，以两个时点间估算的年均变化量表示一个给定池中的碳库变化，公式如下：

$$\Delta C = \frac{(C_{t_2} - C_{t_1})}{t_2 - t_1} \qquad (4-15)$$

式中：ΔC 为池年度碳库变化，tC/年；C_{t_1} 为时间 t_1 的池内碳库量，tC；C_{t_2} 为时间 t_2 的池内碳库量，tC。

若 $\Delta C > 0$，在 t_1 至 t_2 的时期内森林生态系统在碳循环中的作用表现为碳汇，否则为碳源。

4.2.3　参数设定

由于 GFPM 是全球模型，"森林面积"变量并不包含结构因素，无法得知中国经济林和竹林的面积，从而无法求解这两部分的生物量[①]，因此本研究森林碳库的估计不包括这两部分。但这并不对研究结论构成

---

① 竹林和经济林生物量计算方法与林分通过蓄积量和生物量转换因子计算的方法不同，是采用平均生物量密度法，即：生物量＝面积×平均生物量密度（FAOb，2011：52）。

影响，因为竹林和经济林仅占中国森林总面积的 8.74%（FAO，2011），不是中国森林的主体。这种做法还便于不同时期的比较，以及和国际研究的比较（方精云，2002）。例如，Fang 等（2001），徐冰等（2010）对中国森林碳库的估计，都没有考虑竹林和经济林的碳储量。

本研究考虑了森林活生物量碳储量（地上部分和地下部分）和死木碳储量，需要设定的参数包括：生物量换算和扩展系数（$BCEF_s$）、根冠比（R）、死活比（RDW）、干物质的含碳率（CF）；若 $BCEF_s$ 值不存在，则还需要生物量扩展系数（BEF）和基本木材密度（D）。在《2010 年全球森林资源评估》中，全球有 180 个国家和地区（占世界森林面积 94%）报告了森林生物量，这些国家和地区大多依据 IPCC 提供的转换系数来估计森林生物量，分地区的相关参数如表 4.1 所示（FAO，2010：41）。对于干物质的含碳率，大多数国家和地区使用的碳组分是《2006 年 IPCC 国家温室气体清单指南》提供的缺省值 0.47；也有国家和地区使用了《IPCC2003 年良好规范指南》建议的碳组分0.5；在全球范围使用的平均碳组分则是 0.48（FAO，2010：45）。

表 4.1　世界生物量计算参数

区域	生物量转换扩展系数	根冠比例	死活比例
非洲	1.24	0.24	0.13
亚洲	1.08	0.30	0.12
欧洲	0.65	0.25	0.17
北美洲和中美洲	0.78	0.22	0.11
大洋洲	0.77	0.33	0.18
南美洲	0.99	0.20	0.06
世界	0.92	0.24	0.11

资料来源：《2010 年全球森林资源评估中国报告》FAO（2011：42）。

《2010 年全球森林资源评估中国报告》以中国国内 5 年一次的森林资源清查为基础，其中就森林生物量、生物量碳库的计算和参数设定（生物量扩展系数、基本木材密度、根冠比、死活比、碳转换因子）进行了详细说明，具体见表 4.2。本研究中所采用的森林碳库计算参数以最近一次全球森林资源评估，即 2010 年的参数为依据。

表 4.2　中国森林生物量计算参数

参　　　数	1990 年	2000 年	2005 年	2010 年
生物量扩展系数（*BEF*）	1.338 8	1.344 9	1.352 4	1.353 9
基本木材密度（*D*）	0.432 4	0.432 5	0.431 0	0.430 7
生物量换算和扩展系数（*BCEF*s）	0.578 9	0.581 7	0.582 8	0.583 1
根冠比（*R*）	0.376 3	0.379 5	0.378 8	0.378 9
死活比（*RDW*）	0.172 7	0.172 7	0.172 7	0.172 7
含碳率（*CF*）	0.470 0	0.470 0	0.470 0	0.470 0

资料来源：《2010 年全球森林资源评估中国报告》FAO（2011：49－56）。

需要说明的是，本研究中森林碳储量计算不包含土壤碳。原因在于：目前土壤碳与森林蓄积的线性关系仍然缺乏实证依据（Nepal et al.，2012），因此与经济、制度的外生变化缺乏关联；森林矿质土壤中与森林类型、管理和其他扰乱有关联的碳库变化的规模和方向的相关知识，至今仍然未有定论（IPCC，2006：4.23）；并且《2010 年全球森林资源评估中国报告》并没有报告中国土壤碳数据以及相关参数，从而存在较大的不确定性。而立木生物量（包括地上和地下部分以及枯枝落叶）占森林生态系统总生物量的 60%（McKinley et al.，2011；Ryan et al.，2010），树木的生长、采伐带来的碳库变化对森林生态系统碳库变化起着决定性作用（Heath et al.，2010），这部分的演替过程一方面有其自然规律，同时也受到经济增长、制度变革和国际贸易等经济制度因素的影响，就这部分进行分析是研究陆地碳循环的关键所在。此外由于数据限制，本研究也未考虑枯枝落叶碳储量。

4.3　本章小结

本章介绍了森林碳库研究的模型和方法，目的是为后续三章做铺垫。本章主要包括以下内容：

第一，全球林产品模型——GFPM 的介绍。说明了 GFPM 适用于本研究的原因。介绍和解释了 GFPM 模型的假定、产品结构、模型构成、静态和动态求解过程，以及本研究作出的外生假设。最后对模型的数据来源进行了说明。

第二，森林碳库及其变化的估计方法介绍。以 FAO 和 IPCC 文献为主要依据，阐明了相关的定义和计算方法，其中碳库的估计使用了基于"平均换算因子"的森林生物量方法，碳源汇的计算采用了《2006年 IPCC 国家温室气体清单指南》的"库—差别方法"。并对本研究中使用的参数以及参数的来源进行了详细说明。

后续三章将使用本章阐述和说明的研究方法，探讨"经济增长""碳排放权交易""林业改革"，这三类不同的发展情景对中国林业碳汇潜力的影响。

第 5 章 经济增长情景下中国林业碳汇潜力

随着经济发展与资源环境的矛盾日益尖锐，中国步入调增长、调结构的经济新常态，更加强调绿色、低碳发展，重视森林生态系统在维护国家生态安全中的基础性作用。在这一情景下，中国林业能否实现可持续发展，森林生态系统与社会系统之间存在怎样的互动关系？中国林业碳汇将会在减缓气候变化中发挥多大的作用？中国 2020 年和 2030 年林业碳汇发展目标能否如期达成？这是本章内容分析的重点。本章内容的逻辑框架是：首先，以环境库兹涅茨曲线和社会—生态系统理论为基础，探讨经济增长和森林资源存量动态变化之间的关系；其次，根据文献检索和资料收集，对中国经济增长做出情景假定；再运用 GFPM 对不同发展情景下中国森林资源状况进行模拟，得到不同情景下森林资源动态变化数据；最后，利用 IPCC 碳汇模型估计不同情景下森林碳库和碳库变化，并对研究结果进行分析和说明。

5.1 理论基础

森林生态系统演替过程有其自然规律，但也受到人为因素的干扰，并且某种程度上，这种社会发展造成的人为扰动甚至会大于自然因素的影响。世界范围来看，大量国家的案例表明随着经济增长，森林资源状况存在"先恶化、后改进"发展轨迹，中国也不例外（Rudel et al.，2005；Köthke et al.，2013）。从新中国成立以来森林资源动态变化的过程来看，中国已经跨越从毁林到森林增长的临界点，从 20 世纪 70 年代末开始，森林面积大幅度扩张。这得益于强而有力的林业政策，与同期的经济高速增长密不可分。学术界将森林资源动态变化与经济增长之间的关系，归结为环境库兹涅茨曲线（EKC）关系（Shafik & Bandyo-padhyay，1992；Stern et al.，1996）。原因是经济增长通过替代效应、技术进步、偏好的改变等方面影响森林资源的利用，从而影响森林资源存量。Mather（1992）则认为经济增长影响下森林资源变化的动态轨迹，在世界范围内广泛存在，并提出了"森林转变假说"（FT）。热带地区由于严重的毁林问题是世界森林可持续发展的短板，学术界也就毁林与经济增长之间的关系作了大量的探讨（Koop & Tole，1999；Ehrhardt‐Mar-tinez et al.，2002；Bhattarai & Hammig，2001；Culas，2007）。

为什么经济增长与森林资源存量变化的关系如此重要？原因在于与经济增长相关的资源利用方式会导致森林生态服务的损失或者收益，这些服务对于维持人类生存发展起着不可或缺的作用。森林生态系统与社会系统存在多元互动和循环反馈。不可持续的经济增长会对环境产生较大的负外部性，往往伴随着森林资源的不可持续利用，森林的破坏、退化和生态系统服务的损失，甚至使森林成为巨大的碳排放源。从而对社会发展造成不利影响，加剧经济增长的不可持续，形成恶性循环。这样的例子在世界范围，尤其是热带地区并不鲜见。相反，可持续的经济增长会对森林资源合理有序利用，从而扩大森林生态服务对环境的贡献，实现社会系统和森林生态系统的和谐发展。

5.2　情景假定

考虑到各类外生变量数据的可获得性，以及气候谈判周期和林业生产周期，将预测期定为 2015—2030 年。新常态下中国经济预期从高速增长转变为中高速增长，本研究据此设定了"基准情景"。其中主要的外生变量是 GDP 和人均 GDP 增长率，基于 ERS（2014）[①] 的预测。关于中国的部分，ERS（2014）预期 2015—2030 年中国 GDP 增长率将缓慢下降，呈现中高速的增长，2015—2020 年为 6.81%，2021—2025 年

---

① ERS（Economic Research Service of USDA）. Projected Real GDP Values，2014. http：//www. ers. usda. gov/datafiles/International _ Macroeconomic _ Data/Baseline _ Data _ Files/Projecte-dRealGDPValues. xls/2015 - 3 - 1。

为 6.6%，2026—2030 年为 6.1%（表 5.1）。

表 5.1　中国经济增长率的预测值

单位：%

外生变量	情景	预测值			
		2015 年	2020 年	2025 年	2030 年
GDP 增长率	基准情景	6.49	6.95	6.4	5.9
	高增长情景	8	8	8	8
人均 GDP 增长率	基准情景	6.03	6.67	6.33	6.02
	高增长情景	7.44	7.68	7.91	8.16

资料来源：基准情景数据来自 ERS（2014）；高增长情景数据参考林毅夫（2014）的观点。

"基准情景"中基期需要使用的世界林产品生产和贸易数据来自 FAO 数据库（FAOSTAT），世界森林资源数据参考 2010 年世界森林资源评估（FRA）（FAO，2011）。其他参数的设定按照 Buongiorno 等（2015）的 GFPM2015。该模型使用 2011—2013 年的平滑数据对模型进行校准。通过中国 GDP 和人均 GDP 增长率外生变量设定，可以求解得到 2015—2030 年中国和世界森林资源数据和林产品贸易数据，继而可以计算中国森林碳库的存量和流量。

"基准情景"得到的模拟数据，只能够与历史数据进行比较，不能够充分反映出经济增长放缓对森林资源存量的影响，因此需要设定一个高增长的情景作为对照组。"高增长情景"中，假定 2015—2030 年中国的 GDP 增长率将保持 8%[①]，并按照基准情景推算出相应的人均 GDP 数据，其他数据和参数与基准情景一致。

5.3　研究结果

5.3.1　林业碳汇发展目标的可行性

为了积极应对气候变化，履行大国责任，中国政府两次提出自主减

---

① 林毅夫，中国经济增长的合理目标，http://www.ftchinese.com/story/001058605?page=1/2014-10-16。

排承诺，并制定了明确的林业碳汇发展目标。其中 2009 年自主减排承诺中提出了，大力增加森林碳汇，争取到 2020 年森林面积比 2005 年增加 4 000 万 hm²，森林蓄积比 2005 年增加 13 亿 m³ 的发展目标。2015 年新一轮的自主减排承诺又提出到 2030 年森林蓄积量比 2005 年增加 45 亿 m³ 左右。按照 FRA2010 的数据，2005 年中国森林面积为 19 304.4 万 hm²，立木蓄积为 135.85 亿 m³，由此可推算出森林应对气候变化的目标值为：2020 年森林面积达到 23 304.4 万 hm²，立木蓄积达到 148.85 亿 m³，2030 年立木蓄积达到 180.85 亿 m³ 以上。

　　按照 GFPM 的模拟结果，如表 5.2 所示，两个情景均能够按期达成上述目标。证实了林业碳汇发展目标的可行性；但从另一侧面反映出这些目标仍然是较为保守的估计，因为 2015 年政府发布的第八次中国森林资源清查结果表明：2020 年的立木蓄积增长目标已完成，森林面积增加目标已完成近六成。由于林业生产周期较长，因此容易存在路径依赖的情况，如果制定的长远发展目标与实际情况更为贴切，则可能激发出中国林业碳汇发展的更大潜力。

表 5.2　经济增长情景下中国森林资源存量预测

变量	情景	历史值	目标值		预测值			
		2005 年	2020 年	2030 年	2015 年	2020 年	2025 年	2030 年
森林面积	基准	1.93	2.33	—	2.21	2.36	2.5	2.61
	高增长	1.93	2.33	—	2.21	2.36	2.49	2.58
立木蓄积	基准	135.85	148.85	180.85	157.84	171.08	185.42	200.14
	高增长	135.85	148.85	180.85	157.82	170.6	183.54	195.03
蓄积水平	基准	70.37	—	—	71.32	72.52	74.73	76.63
	高增长	70.37	—	—	71.32	72.38	73.85	75.47

　　注：面积单位为亿 hm²，立木蓄积单位为亿 m³，蓄积水平单位为 m³/hm²。森林蓄积这里指森林活立木蓄积，并非乔木林蓄积，具体见 FAO（2011）。
　　资料来源：历史值来自 FAO（2011）；目标值来自中国自主减排承诺。

5.3.2　森林资源存量的动态变化

　　从研究结果可知，2015—2030 年中国森林面积年增长率"基准情景"为1.11%,"高增长情景"为1.04%。虽然相对于历史峰值有一定程度的放缓,但仍然是较高的增长(根据 FRA2010,中国森林面积年增长率在 1990—1999 年为 1.2%;在 2000—2005 年为 1.75%;在 2006—2010 年为 1.39%)。然而,森林单位蓄积的改善并不明显。单位蓄积是衡量森林质量的关键性指标。蓄积水平的高低不仅关系到森林产出率,更关系到森林固碳和提供其他生态服务的能力。根据 FRA2010 (FAO,2011),中国 2010 年单位立木蓄积为 71m³/hm²,不仅远低于世界水平(131m³/hm²),还低于亚洲水平(91m³/hm²)、东亚水平(84m³/hm²)。"基准情景"下 2030 年中国立木蓄积水平为 76.63m³/hm²,可见即使经过 20 年生长,与 2010 年东亚平均水平仍然有较大差距。而理论上,中国林地生产潜力远远大于这一水平,根据中国可持续发展林业战略研究项目组(2002)制定的中国林地生产潜力表,2010年、2030 年和 2050 年中国林分单位蓄积分别可达到 84.2m³/hm²、94.8m³/hm² 和 117.6m³/hm²。就 2030 年的预测值来看,林地生产潜力约为实际林分单位蓄积量的 123%。因此林地生产力并未得到充分的发挥,通过集约的森林经营提高森林蓄积水平,将会有巨大的固碳潜力。据第八次全国森林资源清查,我国林分过疏、过密的面积占乔木林的 36%;林木蓄积年均枯损量达到 1.18 亿 m³。蓄积水平低、树龄结构不合理、树种单一、森林生长率低、分布不均等问题影响了中国森林的生产力,也暴露了森林经营管理中的不足。

在 2015—2030 年这一区间内,"高增长情景"下森林资源存量相对基准情景较低,如表 5.2 和图 5.1 所示。经济增长率的外生变化下,GFPM 模型中森林资源存量的动态变化是增长与消耗共同作用的结果。其中增长主要来自森林面积与人均 GDP 的 EKC 关系;消耗取决于GDP 增长率影响下的市场需求。因此经济增长对森林资源存量的变化构成正、反两方面的影响。较高的经济增长率,也会导致较高的木材市场需求和资源消耗。因此总体上在市场效应的主导下,"高增长情景"下森林资源消耗相对多,存量也相对低。经济高增长将会加剧森林碳汇需求和木材需求之间的矛盾。因此经济增长率的适度降低会减少木材资源获取的数量,有利于增加森林资源的存量,强化森林生态系统服务,实现经济、环境两部门的良性互动和谐发展。

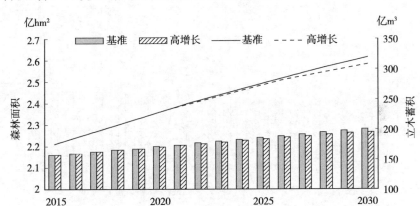

图 5.1　经济增长情景下中国森林面积和立木蓄积预测

注：折线图为森林面积；柱状图为立木蓄积。

5.3.3　森林碳储量及其变化

研究结果显示 2030 年"基准情景""高增长情景"下中国森林碳储量分别达到 8.87 Pg C 和 8.64Pg C，相对 2010 年全球森林资源评估数据的 6.52Pg C[①]（FAO，2011），约分别增加了 36.05％和 32.58％。2015—2030 年中国森林平均年碳汇量分别为 124.97 Tg C 和 109.95Tg C，并且这还不包括竹林、经济林、枯枝落叶和土壤固碳。因此中国森林固碳具有较大潜力，详情见图 5.2 和表 5.3、表 5.4。通过情景间的比较可知，"高增长情景"下森林碳汇能力相对较低。过高的经济增长，也会导致森林资源的高消耗，使森林的碳汇能力逐年下降。因此，经济增长率保持在合理的区间有利于降低其产生的环境负外部性。

---

① 根据《2010 年全球森林资源评估中国报告》（FAO，2011），中国森林碳储量为 7.16Pg C（不包含枯枝落叶和土壤固碳），若扣除竹林和经济林部分，森林碳储量约为 6.52 Pg C；而第八次全国森林资源清查数据显示，中国森林总碳储量为 8.4 Pg C。两者的差距可能在于统计口径的区别。第八次全国森林资源清查数据并没有对森林总碳储量的构成进行明确说明。本研究中国森林碳储量相关的概念界定、历史数据、估计方法均与《2010 年全球森林资源评估》一致，因此以FAO 数据为参照。

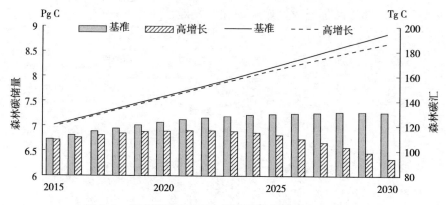

图 5.2 经济增长情景下中国森林碳储量和碳汇量预测

注：折线图为森林碳储量；柱状图为森林年碳汇量。

表 5.3 经济增长情景下中国森林碳储量预测

单位：Pg C

情景	历史值				预测值			
	1990 年	2000 年	2005 年	2010 年	2015 年	2020 年	2025 年	2030 年
基准	4.6	5.46	6.02	6.52	6.99	7.58	8.22	8.87
高增长	—	—	—	—	6.99	7.56	8.13	8.64

注：$1Pg\ C=10^{15}g\ C$，$1gC=(44/12)\ g\ CO_2e$。

资料来源：历史值来自 FAO（2011）（不含竹林、经济林碳储量）。

表 5.4 经济增长情景下中国森林平均年碳汇量预测

单位：Tg C

情景	历史值			预测值		
	1990—2000 年	2000—2005 年	2005—2010 年	2015—2020 年	2020—2025 年	2025—2030 年
基准	86	111	100	117.39	127.09	130.44
高增长	—	—	—	113.24	114.72	101.88

注：$1Tg\ C=1Mt\ C=10^{12}g\ C$，$1gC=(44/12)\ g\ CO_2e$。

资料来源：历史值来自 FAO（2011）（不含竹林、经济林碳汇量）。

徐冰等（2010）估计到 2030 年中国森林总碳储量将达到 10.84Pg C（平均年碳汇量为 140Tg C）。徐冰等（2010）对中国森林资源存量增长的预测依据是《中国可持续发展林业战略研究总论》（中国可持续发展林业战略研究项目组，2002）。该发展目标中，中国林地生产潜力在 2010 年、2030 年分别为 84.2m^3/hm^2 和 94.8m^3/hm^2，而实际上中国林分单位蓄积很难达到这一水平。以基准情景为例，本研究中 2030 年林分单位蓄积为 76.63m^3/hm^2，如果能够挖掘林地生产潜力，使单位蓄积达到 94.8m^3/hm^2，在森林面积不变的情况下，森林碳储量将净增 2.10Pg C，使总的森林碳储量达到 10.97Pg C，与徐冰等（2010）的研究结果非常接近。因此通过改善森林蓄积水平，来提高中国森林固碳量是最为根本和最为重要的。必须走出重造林、轻培育的林业发展误区，从强调森林面积的扩张，转变为重视森林质量的提高。

5.3.4 森林碳汇对碳减排的贡献

"中国 2030 年自主行动目标"提出到 2030 年单位国内生产总值二氧化碳排放比 2005 年下降 60%～65%。结合 IEA2013 年能源排放报告[①]，以及 ERS（2014）对中国 2030 年 GDP 的预测值（按 2005 年价格计算），可以推算[②]出 2030 年目标排放量为 3.1～3.48Pg C。如果按照 EIA（2010）[③] 对中国碳排放的预测，2030 年中国能源消耗碳排放约为 3.26Pg C，能够完成 2030 年减排目标，并且可计算出 2006—2030 年中国能源消耗产生的 CO_2 累计排放量为 58.58Pg C。基准情景下同期累计森林碳汇量为 2.85Pg C，对碳减排的贡献率约为 4.87%。而高增长情景的贡献率为 4.48%。可见在 2015—2030 年中国森林对于碳减排的贡献率，相对于 20 世纪 90 年代的 14.6%～16.8%（Zhang & Xu，2003；方精云等，2007）和 2004—2008 年的 7.8%（郭兆迪等，2013），有较

---

① IEA（International Energy Agency），CO_2 Emissions from Fuel Combustion，2013，http://www.iea.org/publications/freepublications/publication/CO_2 emissions from fuel combustion high lights 2013.pdf/2015-3-1。

② 若 2005 年中国单位 GDP 二氧化碳排放为 2.23kg/美元（IEA，2013）（按 2005 年价格），由此推算出 2030 年单位 GDP 二氧化碳排放为 0.89～0.78kg/美元。按照 ERS（2014）对中国 2030 年 GDP 的预测值为 143.49 千亿美元（按 2005 年的价格），可以计算出 2030 年目标排放量为 3.1～3.48Pg C。

③ EIA（U.S.Energy Information Administration），International Energy Outlook，2010，http://www.eia.gov/environment/emissions/ghg_report/pdf/tbl4.pdf/2015-3-30。

大幅度的降低。主要原因是近年来中国碳排放量的显著增加。

虽然工业减排仍然是中国最主要的减缓温室气体排放方式，但并不能够就此忽略森林生态系统在减缓气候变化中的作用。不仅因为森林碳汇相对于工业减排具有成本优势，还因为森林生态系统为人类生存和发展提供多种生态服务，森林碳汇在为经济发展增加碳排放空间的同时，还存在多种生态效益。这些生态效益能够减少人类社会在气候变化过程中的脆弱性和提高应对气候变化适应性，在维护生态安全中起着不可或缺的作用。并且，在不可持续的资源利用方式下，森林生态系统也能够成为碳排放源，加剧生态环境的恶化。

从中国林业碳汇发展潜力来看，中国森林具有立木蓄积水平低、中幼龄林面积比例高的特点，中幼龄林往往有较快的生长速率，因此固碳能力有较大的增长空间。

5.4　本章小结

本章主要结论有以下几个方面：

第一，相对于高增长，中高的经济增长率更有利于森林资源的可持续利用，从而能够促进社会系统和生态系统的良性互动。相对于历史值，中国森林碳储量在持续稳定增加。"基准情景""高增长情景"下，2030 年中国森林碳储量分别达到 8.87Pg C、8.64Pg C；2015—2030 年中国森林平均年碳汇量分别为 124.97Tg C、109.95Tg C。在这一段时期内，中高的经济增长率相对于高增长能够增加森林碳汇的供给，符合中国绿色发展的要求。

第二，中国森林面积和蓄积都在持续稳定增长。虽然相对于历史值，森林面积和蓄积的增速有一定程度的放缓，但 2020 年和 2030 年中国林业碳汇目标都能如期达成。值得注意的是，这两个目标可能对中国森林增长潜力存在一定程度的低估。充分挖掘中国林业碳汇发展的潜力，需要制定更为精准的发展规划。对于 2030 年的中国自主承诺碳减排目标，"基准情景""高增长情景"下森林碳减排的贡献率分别为 4.87%、4.48%。近年来中国碳排放总量在持续增长，森林碳减排的贡献在缩小，工业减排仍然是减缓碳排放的主导策略。但不能就此忽略林业碳汇发展的重要性，不仅因为森林生态系统存在多样化的生态效益，在维护生态安全中起着不可或缺的作用，还因为不当的森林资源利用会导致生态服务的损失，使森林成为碳排放源。

第三，中国森林碳汇具有较大发展潜力，关键在于提高蓄积水平。中国森林质量较差的现实情况，在未来一段时期内仍然很难得到较大程度的改善。如果蓄积水平能够得到改善，森林固碳能力将有较大的提升。而实际上，根据中国森林以中幼龄林为主、以人工林为主的结构特点，通过有效的森林经营改善蓄积水平，扩大森林碳汇供给，不仅是可能的，还是可行的。在既定的要素投入下，森林碳汇供给和木材供给是相互竞争和替代的关系，较高的经济增长率导致对这两种产品需求的增加，加剧两者之间的矛盾，在土地资源约束下，除了利用两种市场、两种资源，更为重要的是从根本上改善森林质量，提高森林生态系统生产能力，从而扩大生产可能性边界。

第6章 碳交易情景下中国林业碳汇潜力

6.1 引言

IPCC指出稳定气候变化，将全球升温控制在2℃以内，必须在2100年之前实现温室气体零的净排放。因此国际社会面临巨大的节能减排压力。森林碳汇是一种重要的"碳去除"措施，也是一种全球性公共物品。森林碳汇收益和成本的溢出效应超出国家甚至代际的范围。由于显示偏好问题，社会成本和私人成本的不一致，这种产品难以实现最优供应，存在市场失灵。《京都议定书》催生的国际碳市场为这一问题的解决提供了市场化途径，通过森林碳补偿（Forest Carbon Offset）项目市场交易，能够将外部性内部化，对供给者产生有效的经济激励。全球性公共物品的生产总量取决于最弱环节的最低投入，也需要大量、持续"最优注入"（Hirshleifer，1983）。因此碳交易的广泛开展不仅有重要性还有必要性。

过去十年中，随着温室气体排放量的急剧上升，全球范围内的碳交易进程也在逐步加快。当前全球约有40个国家、超过20个地区，已经实施或者正在筹划碳交易机制，总的市场规模预计为7GtCO₂e，占全球总排放量的12%（Kossoy et al.，2015）。碳交易的开展不仅能够带来环境收益，还能够促进低碳技术的发展，培育新的增长点，带动经济的发展转型。因此中国于2013年在北京市、天津市、上海市、重庆市、广东省、湖北省、深圳市启动碳交易试点，并计划2017年正式启动全国统一碳排放权交易市场。虽然总体上，当前森林碳汇项目在国际碳市场中所占的份额较小，但从发展趋势看，志愿市场上森林碳汇项目有较快的增长速度。广泛开展的国际碳交易，尤其是中国碳市场的建立为促进森林碳汇供给提供了新的契机。

由于国际碳市场是人为规定形成的市场，探讨"碳交易价格"（以下简称"碳价"）相关机制与森林碳汇供给的关系，对于相关政策制定有重要的现实意义。Sohngen 和 Sedjo（2006）研究了碳价对全球森林碳汇供给潜力的影响，研究结果显示，全球主要的森林碳汇增量来自热带地区，碳价的增长率会影响森林碳汇的供给时机和森林碳汇的区域分布。Buongiorno 和 Zhu（2013）模拟了碳价对全球林业部门的影响，研究表明所有国家都实施碳交易机制比仅仅在发达国家实施碳交易机制，更能够扩大全球森林碳汇的供给。此外，还有学者对碳税与森林碳汇供给关系进行了探讨，如 Van Kooten 等（1995）的研究表明发达国家实施的碳税和补贴能够延长森林轮伐期和增加碳汇供给。但是国内相关研究尚不多见。

本章内容着重分析碳交易对中国和世界森林碳汇供给的影响，基本的逻辑框架是：首先，从理论上分析碳交易对国际林产品市场和森林资源存量的影响；其次，根据文献检索和资料收集，对碳价水平做出情景假定；再运用 GFPM 对不同碳价情景下世界森林资源和林产品贸易进行模拟，得到森林资源存量的动态变化数据；最后，利用 IPCC 碳汇模型估计不同碳价情景下森林碳库变化，并对研究结果进行分析和说明。

6.2　理论框架

图 6.1 是自由贸易条件下碳交易机制对世界林产品供求影响的理论框架。出于简化的需要，这里假定林产品市场只存在一种林产品即原木，分为国内市场、国际市场两个部分，并且不计运输成本。如果某国是原木的净进口国，在碳价实施之前，该国原木需求大于供给，由于国内均衡价格高于国际价格，可以进口原木满足国内需求。国内需求大于供给的部分 AB 等于从国际市场进口的部分 CD。当此国参与碳交易之后，森林资源可用于碳汇和原木两种产品的生产分配，森林碳汇的单位价格由 0 变为 P_c。如果不采伐森林，生产者通过出售森林碳汇将获得 $P_c \cdot r$ 的单位年收益，其中 r 为利率；若采伐森林，原木的边际成本增

加 P_c，国内林产品供给曲线由 S 向左上方移动到 S'，需要进口的数量由 AB 改变为 EF。在原来的价格 P 下国际市场需求大于供给，市场不能出清，因此原木的价格由 P 上升到 P'，此时国内从国际市场进口原木的数量为 EF。由图 6.1 可知 $EF = GH$，$AB = CD$ 且 $GH > CD$，故 $EF > AB$，因此碳价的实施将会使原木净进口国的进口数量增加，同时也会提高原木的价格。对于原木的净进口国，理论上森林碳汇参与碳交易将增加木材生产成本、减少国内木材供给、提高木材价格，扩大木材进口规模，同时使得森林资源存量增加，森林生态服务加强。反之对于原木净出口国，碳交易的实施将提高林产品价格，减少该国木材出口数量。从另一个角度也说明，全球范围来看森林碳汇参与碳价交易将会减

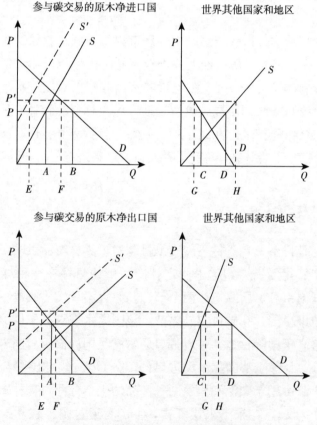

图 6.1　碳价对木材国际贸易的影响

少木材生产，增加森林资源的存量，从而增加森林碳汇服务的供给，但这种效应的显著程度取决于木材市场扭曲程度、碳价水平、森林碳汇服务的供给弹性以及国际贸易自由化程度。

6.3　情景假定

碳价是"碳交易情景"中主要的外生变量。文献中碳价预测高低不等，详见图 6.2 所示。国际能源署（International Energy Agency，IEA，2009）的"450 情景"预测 2020 年碳价为 50 美元/tCO_2e，2030年达到 110 美元/tCO_2e。Synapse（2015）预测了高中低三个情景的碳价：高价情景中碳价由 2020 年的 25 美元/tCO_2e 增长到 2030 年的 54 美元/tCO_2e；中等价格情景的碳价在 2020 年为 20 美元/tCO_2e，到 2030

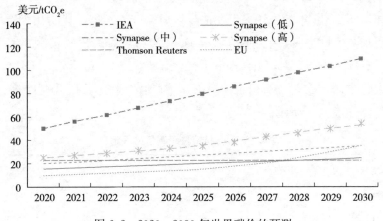

图 6.2　2020—2030 年世界碳价的预测

资料来源：①IEA（International Energy Agency），450 Scenario：Methodology and Policy Framework，2010 Available at：http：//www. iea. org/weo/docs/weo2010/Methodology _ 450 _ Scenario. pdf（last accessed May 2012）。

②Synapse，2015 CO_2 price projections，http：//www. synapse - energy. com/project/synapse - carbon- dioxide - price - forecast/2015 - 3。

③Thomson reuters，EU carbon price to average €23/t between 2021 and 2030：Thomson reuters assess the future，http：//blog. financial. thomson reuters. com/eu - carbon - price - average - e23t - 2021—2030 - thomson - reuters - assess - future/2014 - 8 - 28。

④EU，EU energy，transport and GHG emission trends to 2050，http：//ec. europa. eu/transport/media/publications/doc/trends - to - 2050 - update - 2013. pdf/2013 - 12 - 16。

年增长为 35 美元/tCO_2e；低价情景中 2020 年的碳价为 15 美元/tCO_2e，到 2030 年增长为 25 美元/tCO_2e。Thomson Reuters（2014）预测 2021—2030 年欧盟的碳价平均水平为 23 欧元/tCO_2e。欧盟（2013）使用 PRIMES 模型对欧盟碳交易体系的碳价进行了预测，研究结果显示，配额发放过多导致的供大于求使得 2025 年之前碳价在低位缓慢增长，之后才开始大幅增长；预期碳价 2020 年为 10 欧元/tCO_2e，2030 年为 35 欧元/tCO_2e，2050 年为 100 欧元/tCO_2e。

事实上，纵观国际碳市场的行情，由于供需失衡、新能源快速发展和经济不景气等原因，碳价几乎跌到历史最低水平，世界各大碳交易体系的碳价均低于 35 美元/tCO_2e（Kossoy et al.，2014）。除非重大制度创新或者经济快速复苏，短期内国际碳价很难出现上扬趋势，而后京都时代的气候谈判悬而未决。因此近期世界各组织或者机构都调整了对碳价的预期，认为 2020—2030 年碳价仍将处于低或者中低水平。

相对于 2009 年的 IEA "450 情景"（IEA，2009），其他几个近期的预测更加具有时效性。特别是 Synapse（2015）对碳价的预测，基本上涵盖了 EU（2013）和 Thomson Reuters（2015）。因此在"碳交易情景"中，本研究参照 Synapse（2015）的预测设定了高低两个碳价情景，具体如表 6.1 所示。

表 6.1　碳交易情景下碳价的假定

情景	2015 年	2020 年	2025 年	2030 年
高碳价	15	25	35	54
低碳价	10	15	20	25

注：碳价单位美元/tCO_2e，按基年价格计。

据世界银行统计，全球有 54 个国家[①]已经实施或者准备实施碳价

[①] 这 54 个国家分别是：摩洛哥、南非、突尼斯、加拿大、哥斯达黎加、墨西哥、美国、巴西、智利、哥伦比亚、中国、塞浦路斯、印度、印度尼西亚、伊朗、日本、约旦、韩国、泰国、土耳其、越南、澳大利亚、新西兰、奥地利、比利时、保加利亚、克罗地亚、捷克共和国、丹麦、芬兰、法国、德国、希腊、匈牙利、卢森堡、爱尔兰、意大利、荷兰、挪威、波兰、葡萄牙、罗马尼亚、斯洛伐克、斯洛文尼亚、西班牙、瑞典、瑞士、英国、爱沙尼亚、哈萨克斯坦、立陶宛、俄罗斯联邦、乌克兰。

工具（Kossoy et al.，2014）。碳交易情景中假定上述国家 2015 年至 2030 年实施了碳交易，而其他国家/地区碳价为 0。其他假定与基准情景一致。

6.4 研究结果

6.4.1 森林资源存量的动态变化

不同情景下蓄积量的差异反映出碳交易对森林碳资源存量的影响。表 6.2 的研究结果反映出，碳交易能够导致森林资源存量的增加，但这种效应具有时滞性，并且取决于碳价水平、林业生产周期以及森林碳汇供给价格弹性。从总量上看，相对于基准情景，碳交易使世界立木蓄积在 2030 年增加了 36.76 亿 m³ 和 24.57 亿 m³，如果按照《2010 全球森林资源评估》的参数可以换算为 2.23Pg C 和 1.49Pg C 的固碳量，并且高碳价情景下的增量约为低碳价情景的 1.5 倍。因此碳交易对世界森林碳汇供给是有效的激励手段。

表 6.2 碳交易情景下世界立木蓄积量预测

区域	情景	预测期				增长率（%）	
		2015 年	2020 年	2025 年	2030 年	2015—2030 年	1990—2010 年
非洲	基准	749.64	733.30	718.45	705.69	−0.40	−0.38
	高碳价	749.64	733.33	718.44	705.60	−0.40	−0.38
	低碳价	749.64	733.31	718.42	705.62	−0.40	−0.38
北美洲和中美洲	基准	880.59	901.19	921.32	941.03	0.44	0.44
	高碳价	880.59	903.10	926.45	950.85	0.51	0.44
	低碳价	880.59	902.37	924.63	947.04	0.49	0.44
南美洲	基准	1 690.47	1 665.25	1 649.62	1 643.58	−0.19	−0.39
	高碳价	1 690.47	1 666.36	1 652.38	1 648.37	−0.17	−0.39
	低碳价	1 690.47	1 666.07	1 651.73	1 647.14	−0.17	−0.39
亚洲	基准	513.02	525.44	540.73	558.10	0.56	0.23
	高碳价	513.02	526.68	543.85	564.12	0.64	0.23
	低碳价	513.09	526.07	543.02	564.01	0.63	0.23

（续）

区域	情景	预测期				增长率（%）	
		2015 年	2020 年	2025 年	2030 年	2015—2030 年	1990—2010 年
大洋洲	基准	157.83	155.00	152.83	151.04	−0.29	−0.11
	高碳价	157.83	155.17	153.26	151.81	−0.26	−0.11
	低碳价	157.83	155.11	153.11	151.59	−0.27	−0.11
欧洲	基准	266.88	282.39	297.56	312.19	1.05	1.26
	高碳价	266.88	284.13	302.42	321.66	1.25	1.26
	低碳价	266.88	283.56	300.71	318.15	1.18	1.26
东欧	基准	886.72	893.05	901.74	912.53	0.19	0.09
	高碳价	886.72	894.09	904.85	918.50	0.24	0.09
	低碳价	886.72	893.91	904.25	917.19	0.23	0.09
世界	基准	5 145.14	5 155.62	5 182.25	5 224.16	0.10	−0.03
	高碳价	5 145.14	5 162.87	5 201.65	5 260.92	0.15	−0.03
	低碳价	5 145.14	5 160.67	5 195.61	5 248.73	0.13	−0.03
中国	基准	157.84	171.08	185.42	200.14	1.50	1.70
	高碳价	157.84	171.50	186.47	202.42	1.57	1.70
	低碳价	157.84	171.38	186.22	201.87	1.55	1.70

注：蓄积量单位亿 m^3；增长率为几何平均增长率。东欧这里指前苏联国家。
资料来源：历史数据来自 FAO（2011）。

从区域来看，除了非洲和大洋洲外，其他地区在碳交易的影响下立木蓄积都有一定程度的增加。其中受碳交易影响最大的地区是北美洲和中美洲、欧洲。2030 年"高碳价情景"下，这些地区立木蓄积相对于基准情景分别增加了 9.82 亿 m^3 和 9.47 亿 m^3，占碳交易影响下世界蓄积总增量的 27% 和 26%。主要原因有三个方面：第一，这些地区经济相对发达，对森林生态服务这种高需求收入弹性的产品有较大偏好；第二，这里有相对成熟和完善的碳市场，其中美国和欧盟都是世界最早建立碳排放权交易的国家和地区，有世界第一大和第二大的碳交易体系；第三，有较好的森林资源禀赋，森林资源丰富且质量较高；重视森林资源的可持续利用，有相对完善的法律制度；在通过森林碳汇项目改善环境的实践或者生态补偿机制的建立上，相对于其他地区起步较早。因此森林碳汇供给相对于世界其他地区有较高的供给价格弹性。

2030年中国在两个碳价情景下，立木蓄积预计分别增加2.28亿 m^3 和1.73亿 m^3，约相当于2030年自主减排承诺中森林增长目标的3.8%～5.07%，约占碳价影响下世界蓄积增量的6.2%～6.5%，这相对于其他国家是较大的增量。

6.4.2　木材市场动态变化

碳交易对木材市场的影响主要表现为原木价格的显著提高，原木生产量的减少，如图6.3和表6.3所示。从动态变化来看，"碳交易情景"与"基准情景"的各项指标的变化趋势相类似，2015—2030年"碳交易情景"下中国和世界原木产量、进口量和价格都呈现持续增长的态势，并且中国各项指标的增幅显著高于世界水平。"碳交易情景"和"基准情景"之间的差异则反映出碳交易对木材市场的影响。其中最为显著的是原木价格的提高。2030年"高碳价情景"和"低碳价情景"下中国原木价格分别为278.1美元/ m^3 和212.2美元/ m^3，比"基准情景"高67%和27%，世界原木价格分别为206.2美元/ m^3 和159.2美元/ m^3，比"基准情景"高68%和30%。

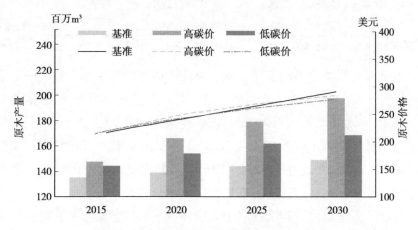

图6.3　碳交易情景下中国原木生产和价格预测

注：折线图为原木产量；柱状图为原木价格。

表 6.3　碳交易情景下中国和世界原木市场预测

变量	区域	情景	预测值				
			2015 年	2020 年	2025 年	2030 年	年增长率（%）
产量	中国	基准	169.64	179.87	191.87	202.75	1.12
		高碳价	169.02	183.91	192.95	199.81	1.05
		低碳价	169.75	181.26	190.1	197.4	0.95
	世界	基准	1 627.82	1 718.81	1 815.88	1 907.39	1
		高碳价	1 576.9	1 597.67	1 642.98	1 659.37	0.32
		低碳价	1 590.27	1 633.01	1 696.54	1 753.52	0.61
进口量	中国	基准	66.19	84.48	107.82	137.61	5.64
		高碳价	661.94	84.48	107.82	137.61	5.64
		低碳价	661.94	84.48	107.82	137.61	5.64
	世界	基准	199.87	221.19	247.06	276.16	2.35
		高碳价	194.98	209.78	233.55	265.27	2.1
		低碳价	195.90	211.54	235.63	267.65	2.15
价格	中国	基准	134.7	144.2	156.3	166.7	1.34
		高碳价	163.7	205	234.9	278.1	3.37
		低碳价	154.9	178.3	196.7	212.2	1.99
	世界	基准	110.2	113.8	117.7	122.4	0.66
		高碳价	136.8	153.9	172.6	206.2	2.60
		低碳价	127.6	137.4	148.3	159.2	1.39

注：产量和进口量单位为百万 m^3；价格单位为美元/m^3，换算成基年的价格。

再来考察原木产量的变化，碳交易使中国和世界原木产量有一定程度的降低。2030 年"高碳价情景"和"低碳价情景"下中国原木产量分别为 199.81 和 197.4 百万 m^3，比"基准情景"减少 1% 和 3%，世界原木产量分别为 1 659.37 和 1 753.52 百万 m^3，比"基准情景"减少 13% 和 8%。世界原木生产相对于中国下降幅度更大的原因是由于森林资源总量更大，从而相对而言有更大的供给价格弹性。

最后，关于贸易，碳交易对中国国内原木进口量的影响在经济意义上并不显著；从世界范围来看，碳交易使得全球进口量有一定程度减少，"高碳价情景"和"低碳价情景"下 2030 年世界原木进口量分别为

265.27 百万 m³、267.65 百万 m³，比基准情景低 4%和 3%。

总体而言，碳交易机制实行后，由于森林碳汇供给对木材生产的替代作用，使得木材价格显著提高，生产也有一定程度减少。但由于贸易惯性的作用，木材进口量短期不会显著增加，国内木材价格继续维持在高位，碳汇生产成本也会相应提高，使得短期内木材生产可能更为有利可图，因此反而"碳交易情景"下木材产量更高。但长期来看随着碳价走高到一定水平，将对森林碳汇供给产生有效激励，使国内木材生产规模相对缩小，加大国内木材需求的缺口。因此不仅需要充分利用国际资源，更重要的是实现林业产业的转型升级。

6.4.3 森林碳储量及其变化

"碳交易情景"和"基准情景"之间的森林碳储量的差别与立木蓄积量的差别相同，即森林碳汇参与碳交易后，森林碳储量会增加，碳价与森林碳汇量正相关。但是碳交易对某国或地区森林碳汇供给影响的显著程度，取决于森林碳汇供给的价格弹性。

森林碳汇参与碳交易将使中国森林碳储量持续增加，"高碳价情景"下，2030 年中国森林碳储量为 8.97Pg C，相对于 2010 年的历史值（FAO，2011），提高了 37.57%；2015—2030 年中国森林平均年碳汇量为 131.72Tg C。相对"基准情景"，碳交易使得中国森林碳汇量提高了 5.39%。"低碳价情景"下中国森林碳储量和碳汇量的动态变化与"高碳价情景"比较接近。"低碳价情景"下 2030 年中国森林碳储量为 8.95Pg C，比"高碳价情景"低约 0.2%，比"基准情景"高 0.87%。"低碳价情景"下中国森林平均年碳汇量为 130.39Tg C，比"高碳价情景"低约 1.01%，比"基准情景"高 4.09%。因此两个碳价情景之间的差别较小，见图 6.4。相对而言，从总量和区域的角度看，世界、北美、欧洲森林资源存量变化对碳价变化的反应更为灵敏，因此森林碳汇供给也更加富有弹性。

相对于"基准情景"，两个碳价情景变化趋势一致，说明了模型结果的稳健性。如果按照 EIA（2010）对中国碳排放的预测，2006—2030 年中国能源消耗 CO_2 累计排放 58.58Pg C，那么"高碳价情景""低碳价情景"下中国森林碳汇对碳减排的贡献率约为 5.04%和 5%。

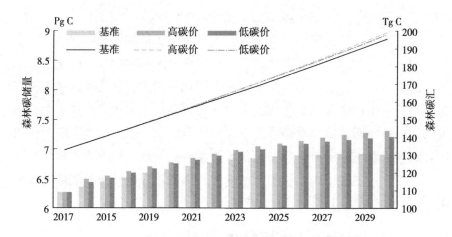

图 6.4　碳交易情景下中国森林碳储量和碳汇量预测

注：折线图为森林碳储量；柱状图为年碳汇量。

表 6.4　碳交易情景下中国森林碳储量预测

单位：Pg C

情景	历史值				预测值			
	1990 年	2000 年	2005 年	2010 年	2015 年	2020 年	2025 年	2030 年
基准	4.6	5.46	6.02	6.52	6.99	7.58	8.22	8.87
高碳价	—	—	—	—	6.99	7.60	8.26	8.97
低碳价	—	—	—	—	6.99	7.59	8.25	8.95

注：1Pg C＝10^{15}gC，1gC＝（44/12）gCO_2e。

资料来源：历史值来自 FAO（2010）（不含竹林、经济林碳储量）。

表 6.5　碳交易情景下中国森林平均年碳汇量预测

单位：Tg C

情景	历史值				预测值		
	1990—2000 年	2000—2005 年	2005—2010 年	2010—2015 年	2015—2020 年	2020—2025 年	2025—2030 年
基准	86	111	100	94	117.39	127.09	130.44
高碳价	—	—	—	—	121.04	132.73	141.38
低碳价	—	—	—	—	119.97	131.57	138.73

注：1Tg C＝1MtC＝10^{12}gC，1gC＝（44/12）gCO_2e。

资料来源：历史值来自 FAO（2010）（不含竹林、经济林碳汇量）。

6.5 本章小结

碳交易机制是减缓温室气体排放、应对气候变化的重要途径。本章重点分析了森林碳汇参与碳交易对于森林资源存量动态变化及森林碳汇供给的影响。主要的结论如下：

第一，碳交易的实施能够增加森林资源存量，从而扩大森林碳汇的供给，但这种作用的大小取决于碳价水平、林业生产周期以及森林碳汇供给价格弹性。相对于基准情景，高低两个碳价情景下 2030 年中国立木蓄积分别增加 2.28 亿 m^3 和 1.73 亿 m^3，约相当于 2030 年自主减排承诺中森林增长目标的 3.8%～5.07%。

第二，碳交易机制实行后，如果进口增长受限，森林碳汇对木材的替代作用将会使中国木材价格大幅提高，加大国内木材供求矛盾。短期内，并且当碳价处于较低水平时，木材价格提高，碳汇生产成本增加，木材生产相对于森林碳汇经营可能更加有利可图，因此可能并不会增加森林碳汇供给。但长期来看，随着碳排放空间的稀缺性加强，碳价走高到一定水平，将对森林碳汇供给产生有效的经济激励，但不良后果是会加大国内木材需求的缺口。因此不仅需要充分利用国际资源，更重要的是实现林业产业的转型升级。

第三，在本研究设定的高低两个碳价水平下，2030 年中国森林碳储量分别为 8.97Pg C 和 8.95Pg C。其中 1.14% 和 0.87% 的固碳量来自碳交易的作用。两个情景下森林平均年碳汇量为 131.72Tg C 和 130.39Tg C，其中 5.39% 和 4.09% 的碳汇量来自碳交易机制的作用。由于木材生产往往缺乏供给价格弹性，这也限制了碳交易机制对于扩大森林碳汇供给的作用。但是从区域或者世界范围来看，森林碳汇供给更加富有弹性，因此碳交易机制仍然是有效的森林碳汇供给激励手段。

上述内容可以看出，碳交易机制的实施能够增加森林碳汇供给，但这种效应的大小取决于森林碳汇供给的价格弹性。一般认为影响供给价格弹性的因素主要包括：时间长短、生产成本、生产周期、生产的难易程度、生产规模和规模改变的难易程度等。森林经营相对于其他第一产业，最为突出的特点是较长的周期，具有时间压缩不经济属性。生产者很难在短时间内调整供给能力。在投入初期需要资金密集的一次性投入，此外还存在资源禀赋的约束，因此一般认为木材供给缺乏弹性。森林碳汇服务和木材是相同生产要素投入生产出的两种可转换的产品。从而森林碳汇供给也可能缺乏价格弹性。增加森林碳汇供给，同时也要解决森林碳汇需求和木材需求之间的矛盾，最为根本的策略是通过改善森林质量来扩大生产可能性边界。但当前中国蓄积水平与亚洲，或者世界的平均水平都存在较大差距，未来也很难有较大程度改善。例如，根据本研究的预测结果，2030 年高碳价情景下中国、亚洲和世界的立木蓄积水平分别为 $77.5 m^3/hm^2$、$90.74 m^3/hm^2$ 和 $131.9 m^3/hm^2$。因此更应该探究影响林业生产效率的深层次原因，如市场扭曲、制度性障碍、林权问题等，通过"放活经营权、落实处置权、保障收益权"[①] 调动广大林农和社会力量共同参与林业发展。

---

① 资料来源：中共中央办公厅、国务院办公厅印发的《深化农村改革综合性实施方案》。

第7章 林业改革情景下中国林业碳汇潜力

7.1 引言

新中国成立以来，中国经济增长取得了举世瞩目的成就，但也付出了沉重的环境代价。面对经济发展和资源环境的矛盾，中国政府开始高度重视森林生态系统在维护国家生态安全以及生态文明建设中的基础性作用，制定了以维护和提高森林生态功能为目标的林业发展战略。其中"天然林全面停止商业性采伐"、《国有林场改革方案》和《国有林区改革指导意见》是当前通过林业改革来强化森林生态服务的最为重要的几项举措。体现出新常态下中国林业改革的基本思路，即"由木材生产为主转变为生态修复和建设为主，由利用森林获取经济利益为主转变为保护森林提供生态服务为主"，使林业的发展转型服务于经济增长的发展转型。这既是当前绿色发展、低碳发展的内在要求，也是世界林业发展的必然趋势。

天然林是我国森林资源的精华。1998 年长江、松花江流域特大洪灾之后，出于环境保护和生态修复的需要，中国开始实施天然林保护工程，涉及 17 个省区市，共计 1.27 亿 hm^2。工程实施 16 年来综合效益显著，但是仍然存在问题和困境，其中最为突出的是从全国范围来看仍有大量天然林未被纳入天然林保护工程的范围：全国还有 14 个省区市的天然林未纳入保护范围；在已经纳入天然林保护工程的 17 个省区市中也有部分天然林未纳入保护范围。全国需要保护的天然乔木林和灌木林等共计 1.98 亿 hm^2。然而，目前全国天然林仍每年生产木材 4 994 万 m^3[①]。因

[①] 赵树丛，国家林业局局长：2016 年底部署全面停止天然林商业采伐，http：//m.thepaper. cn/newsDetail _ forward _ 1305547？from＝groupmessage&isappinstalled＝0/2015 - 02 - 25。

此，国家主席习近平提出"把所有天然林都保护起来"，国家林业局计划在 2017 年全面停止天然林商业性采伐。

全国共有 4 855 个国有林场，位于江河源头及生态脆弱地区，分布于在 31 个省份的 1 600 多个县（市、区）。国有林区则分布在东北、西南、西北森林资源丰富的地区。国有林场的林地面积为 0.58 亿 hm²，国有林区的林地面积为 0.66 亿 hm²，占全国林地总面积的 40%[①]。国有林场、林区长期以来担负着木材生产和生态建设的重任，是中国最为重要的生态屏障和森林资源培育战略基地，但是由于经营机制和管理体制的问题，面临严重的发展困境，亟待制度创新。2015 年中国政府出台了《国有林场改革方案》和《国有林区改革指导意见》，对国有林区林场的改革进行了全面部署，强调了国有林场林区"以提供森林生态服务为主"的功能定位，要求到 2020 年"国有林场森林面积增加 666.67 万 hm² 以上，森林蓄积量增长 6 亿 m³ 以上，商业性采伐减少 20% 左右，森林碳汇和应对气候变化能力有效增强""国有林区有序停止天然林商业性采伐，重点国有林区森林面积增加 36.67 万 hm² 左右，森林蓄积量增长 4 亿 m³ 以上"。

上述几项林业改革措施对于提升中国林业碳汇潜力有多大的效果？是否会加剧森林生态服务需求与木材需求之间的矛盾？这是本章主要的研究内容。本章的基本框架是：首先，运用经济学原理分析天然林和国有林采伐减少对林产品市场的影响；其次，根据国家林业局的相关工作部署，以及文献资料，进行情景假定；再运用 GFPM 对未来中国森林资源和林产品贸易进行模拟；最后通过 IPCC 碳汇模型估计森林碳库变化，并分析研究结果。

7.2 理论分析

如图 7.1 所示，中国是原木的净进口国，国内木材的需求大于供

---

① 赵树丛，凝心聚力攻克艰难，http://www.forestry.gov.cn/main/4510/content - 748752. html/2015 - 3 - 19。

给，并且国内价格高于国际价格。因此供给小于需求的部分 AB 可以通过贸易从国际市场上获得，即 $AB=CD$。天然林停止商业性采伐之后，国内木材供给削减，供给曲线 S 向左上方移动，国内木材的缺口进一步扩大（$EF>AB$），如果在原有的价格 P 上，国际市场上木材的需求大于供给，市场不能出清，因此价格上升到 P'，此时 $EF=GH$。综上所述，在自由贸易的情况下，天然林保护将使得木材国内生产减少、进口增加、价格提高。从生产可能性边界看，木材和森林碳汇是同一种要素的产出，在既定的要素供给下，存在相互替代的关系，因此木材生产的减少将会使森林碳汇服务增加。

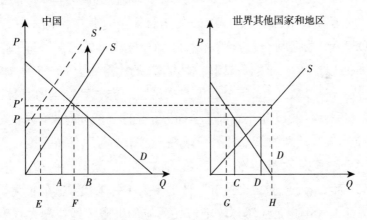

图 7.1　中国国有林场林区改革对木材国际贸易的影响

7.3　情景假定

7.3.1　"天然林保护情景"

研究天然林全面停止商业性采伐对林产品市场的影响，首先需要分析天然林木材生产在中国国内木材生产中的比重。国家林业局（2015）指出"目前全国天然林仍每年生产木材 4 994 万 m^3"。若按照《中国林业统计年鉴》2013 年、2012 年和 2011 年数据，国内木材生产总量分别为 8 438.5、8 174.87、8 145.92 万 m^3，则天然林的木材生产占全国木材生产总量的一半以上，这似乎与强而有力的天然林保护政策并不相符。而 FAOSTAT 的数据显示，2013 年、2012 年和 2011 年，中国（不含台湾）工业性原木生产量分别为 16 721.4、15 809.6、15 946.2万 m³，约为国内统计数据的一倍。这其中的差异可能来自统计口径的区别。要了解国内木材生产的实际情况，需要甄别这些数据，做出正确的判断。

中国木材生产实施森林采伐限额制度，木材生产量理论上小于等于森林采伐限额。根据国发〔2011〕3 号文件，全国"十二五"期间年森林采伐限额（不包括毛竹采伐限额）为 27 105.4 万 m³，其中天然林采伐限额为 8 275.3 万 m³，按照 60％的出材率则分别对应16 263.24万 m³ 和 4 965.18 万 m³ 的木材产量，其中国内木材总产量与 FAOSTAT 数据吻合，天然林木材产量与林业局官方发布的信息吻合。据此可以推断，天然林占国内木材生产的比重约为 30.53％。按照国家林业局工作部署，2015 年全面停止内蒙古、吉林等重点国有林区 256万 m³ 木材采伐，2016 年年底部署全面停止全国天然林商业性采伐。并且假定"十三五"计划的人工林采伐限额与"十二五"保持不变，天然林保护将会使国内木材供给在 2015 年减少 1.57％，在 2017 年减少29.42％。而实际上，在"十三五"计划中人工林采伐限额的扩大是必然的[1]。因此上述影响是天然林改革市场效应的上限，即在最大程度上能产生的作用。本研究据此设定"天然林保护情景"的外生变化，其他变量则与基准情景相同。

7.3.2　"天然林保护＋国有林场改革情景"

《国有林场改革方案》中要求国有林场到 2020 年"商业性采伐减少20％左右"。由于天然林在 2017 年已经全面保护，因此这里的"商业性

---

① 中国木材生产实行森林采伐限额制度。森林采伐限额由林业主管部门根据用材林消耗量低于生长量和森林合理经营原则测算制定，并经国务院批准实施。属于国家五年计划的内容，每五年调整一次。木材产量与森林采伐限额相对应，理论上在一个五年计划内应该保持稳定。天然林全面停止商业性采伐后，"十三五"计划中森林采伐限额与"十二五"相对比，人工林森林采伐限额应该有较大幅度的增加，并鼓励利用国际市场、国际资源，从而减少天然林禁伐对市场的冲击，保持市场稳定。

采伐"可理解为人工林的商业性采伐。然而可以检索到的统计数据、二手资料中，并没有记录国有林场的天然林和人工林木材获取比例，因此无法准确估计"2020年国有林场商业性采伐减少20%左右"将会具体使国内木材生产减少多少份额。但根据历史数据，至少可以推断这一份额的上限。

根据2004—2013年的《中国林业统计年鉴》，近十年来国有林场生产的木材比重占全国木材生产总量的总体趋势是下降的，如图7.2所示。从2010、2011、2012、2013年这四年的数据看，这一比例的均值为15.35%，最小值为14.98%，稳定在15%左右。从国有林场林区改革内容："从由木材生产为主转变为生态修复和建设为主、由利用森林获取经济利益为主转变为保护森林提供生态服务为主"，可以推断国有林场木材生产在全国木材生产中的比重将继续下降。因此历史值15%可视为改革后国有林场木材占全国总产量比重的上限。假定剔除国有林场木材产量后，国内剩余木材产量到2020年保持不变，则2020年国有林场木材产量占全国总产量的比重为12%。按照几何平均值，从2015年开始至2020年国有林场改革将会使全国每年减少0.61%的木材生产。本研究将天然林改革和国有林场改革的影响结合起来，设定了"天然林改革情景＋国有林场改革情景"（以下简称"天然林保护＋情景"），其他变量与基准情景一致。

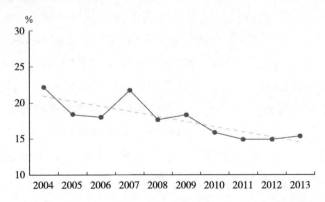

图7.2 2004—2013年国有林场木材生产占全国总产量的比重

资料来源：2004—2013年《中国林业统计年鉴》。

表 7.1 初级产品供给的变化率

单位:%

情景	2015 年	2016 年	2017 年	2018—2020 年
天然林保护	−1.57	——	−29.42	——
天然林保护＋	−2.81	−0.61	−30.3	−0.61

注：初级产品包括薪材、工业原木、其他工业原木。

需要说明的是，情景假定中不再考虑国有林区改革目标①。有两方面原因：首先，出于避免重复计算的考虑，该目标与天然林全面停止商业性采伐有重叠的部分；其次，目标并没有对生产削减量作出明确规定，并且实际上国有林区木材产量在全国的比重低于 5%（《中国林业统计年鉴》，2014），所以不是研究重点。

7.4 研究结果

7.4.1 森林资源存量的动态变化

从理论分析可知，天然林停止商业性采伐后，国内木材供给减少，森林资源的存量将会增加。根据 GFPM 的模拟结果（表 7.2），2030 年中国森林的立木蓄积在"天然林保护情景"下为 202.18 亿 m^3，在"天然林保护＋情景"下为 202.38 亿 m^3。与"基准情景"比较，分别增加 2.04 亿 m^3 和 2.24 亿 m^3。因此天然林全面保护能够使中国森林在 2030 年增加 2.04 亿 m^3 的蓄积，国有林场商业性采伐减少将使中国在 2030 年增加 2 000 万 m^3 的蓄积。两种情景的作用相同，证实了模拟结果的稳健性。从这一结果可以看出天然林全面保护对于增加全国森林蓄积总量作用并没有预期的大。但是如果考虑了天然林采伐和人工林采伐的此消彼长，就不难理解了。然而这并不影响这一政策的积极意义，因为天然林生态系统相对于单一的人工林生态系统能够提供更为复杂、多样的生态系统服务；天然林保护能够改善我国林分结构，使中国森林在维护生态安全中产生更大的生态效益。因此人工林采伐对天然林采伐的替

---

① 国有林区改革目标：到 2020 年有序停止天然林商业性采伐，重点国有林区森林面积增加 36.67 万 hm^2 左右，森林蓄积量增长 4 亿 m^3 以上。

代，也是一种帕累托改进。

表 7.2　林业改革情景下世界立木蓄积量预测

区域	情景	预测期				增长率（%）	
		2015 年	2020 年	2025 年	2030 年	2015—2030 年	1990—2010 年
非洲	基准	749.64	733.30	718.45	705.69	−0.40	−0.38
	天然林保护	749.64	733.30	718.45	705.69	−0.40	−0.38
	天然林保护＋	749.64	733.30	718.45	705.69	−0.40	−0.38
北美洲和中美洲	基准	880.59	901.19	921.32	941.03	0.44	0.44
	天然林保护	880.59	901.19	921.31	941.01	0.51	0.44
	天然林保护＋	880.59	901.19	921.31	941.01	0.49	0.44
南美洲	基准	1 690.47	1 665.25	1 649.62	1 643.58	−0.19	−0.39
	天然林保护	1 690.47	1 665.25	1 649.61	1 643.56	−0.17	−0.39
	天然林保护＋	1 690.47	1 665.25	1 649.61	1 643.56	−0.17	−0.39
亚洲	基准	513.02	525.44	540.73	558.10	0.56	0.23
	天然林保护	513.02	525.80	541.82	560.09	0.64	0.23
	天然林保护＋	513.02	525.84	541.93	560.29	0.63	0.23
大洋洲	基准	157.83	155.00	152.83	151.04	−0.29	−0.11
	天然林保护	157.83	155.00	152.82	151.03	−0.26	−0.11
	天然林保护＋	157.83	155.00	152.82	151.03	−0.27	−0.11
欧洲	基准	266.88	282.39	297.56	312.19	1.05	1.26
	天然林保护	266.88	282.39	297.53	312.15	1.25	1.26
	天然林保护＋	266.88	282.39	297.53	312.15	1.18	1.26
东欧	基准	886.72	893.05	901.74	912.53	0.19	0.09
	天然林保护	886.72	893.04	901.72	912.50	0.24	0.09
	天然林保护＋	886.72	893.04	901.72	912.50	0.23	0.09
世界	基准	5 145.14	5 155.62	5 182.25	5 224.16	0.10	−0.03
	天然林保护	5 145.14	5 155.97	5 183.27	5 226.02	0.15	−0.03
	天然林保护＋	5 145.14	5 156.01	5 183.38	5 226.22	0.13	−0.03
中国	基准	157.84	171.08	185.42	200.14	1.50	1.70
	天然林保护	157.84	171.46	186.55	202.18	1.56	1.70
	天然林保护＋	157.84	171.49	186.66	202.38	1.56	1.70

注：蓄积量单位亿 m³；增长率为几何平均增长率。东欧这里指前苏联国家。

资料来源：历史数据来自 FAO（2011）。

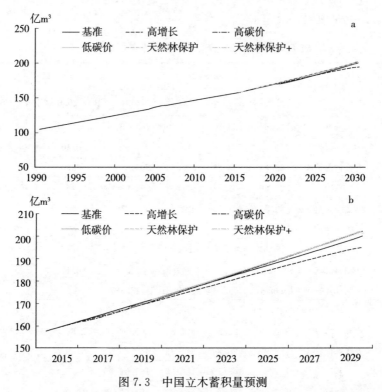

图 7.3　中国立木蓄积量预测

资料来源：1990—2014 年历史值来自 FAOSTAT。

　　图 7.3 是 6 种情景下中国立木蓄积量的历史值和预测值。可以直接地观察到，"碳交易情景"和"天然林保护情景"对森林蓄积量的作用十分接近。表示价格机制与政府计划手段产生了类似的效果，一方面说明了政策的有效性，但也可能暗示着在木材市场高度扭曲的情况下，价格机制配置资源的作用有限。"高增长情景"下中国森林蓄积量最小，而"基准情景"是一种折中的情况。可以认为，相对于市场效应和林业改革效应，经济增长对森林资源利用的作用是根本性的，经济增长方式转变与强化森林生态效益是相辅相成的关系。

7.4.2　木材市场模拟结果

1. 林业改革情景

　　表 7.3 是 2015—2030 年"天然林保护情景"下中国原木产量、进

口量和价格的预测，各项指标也是呈现逐年上升的趋势。与"基准情景"相比较，天然林保护呈现的显著效应是使国内原木生产减少，国内价格提高。2030 年"天然林保护情景"和"天然林保护＋情景"下中国原木产量分别为 194.73 百万 m^3 和 193.97 百万 m^3；相对于基准情景，分别使中国原木生产减少 3.96％和 4.33％。同时，2030 年国内原木价格在"天然林保护情景"和"天然林保护＋情景"下分别比基准情景高 13％和 15％（图 7.4）。此外，由于考虑了贸易惯性，天然林保护对原木进口的作用并不显著。因此国内木材缺口进一步加大，亟待发展"木材节约与代用"。目前我国木材综合利用率只有 60％左右，与世界先进水平国家 80％，甚至 90％的木材利用率相比仍有较大差距，但也说明有较大进步空间。同时我国是世界竹林资源最为丰富的国家之一，第八次全国森林资源清查结果显示，我国竹林面积共 601 万 hm^2，占世界竹林总面积的 18％以上（FAO，2010：31），因此可以充分挖掘竹藤制品的替代作用。但仍然需要强调的是，通过制度创新来改善中国森林质量才是根本。

表 7.3　林业改革情景下世界原木市场预测

变量	区域	情景	预测值				
			2015 年	2020 年	2025 年	2030 年	年增长率（％）
产量	中国	基准	169.64	179.87	191.87	202.75	1.12
		天然林保护	169.46	173.96	184.83	194.73	0.87
		天然林保护＋	169.38	173.37	184.16	193.97	0.85
	世界	基准	1 627.82	1 718.81	1 815.88	1 907.39	1
		天然林保护	1 627.63	1 714.03	1 809.86	1 900.41	0.97
		天然林保护＋	1 627.56	1 713.44	1 809.19	1 899.65	0.97
进口量	中国	基准	66.19	84.48	107.82	137.61	5.64
		天然林保护	66.19	84.48	107.82	137.61	5.64
		天然林保护＋	66.19	84.48	107.82	137.61	5.64
	世界	基准	199.87	221.19	247.06	276.16	2.35
		天然林保护	199.87	221.36	247.90	277.53	2.39
		天然林保护＋	199.87	221.36	247.91	277.52	2.39

（续）

变量	区域	情景	预测值				
			2015 年	2020 年	2025 年	2030 年	年增长率（％）
价格	中国	基准	134.7	144.2	156.3	166.7	1.34
		天然林保护	135.7	166.6	178.7	189.0	2.09
		天然林保护＋	136.1	169.3	181.6	191.9	2.17
	世界	基准	110.2	113.8	117.7	122.4	0.66
		天然林保护	110.2	113.9	117.8	122.5	0.66
		天然林保护＋	110.2	113.9	117.8	122.5	0.66

注：产量和进口量单位为百万 m³；价格单位为美元/m³，换算成基年的价格。

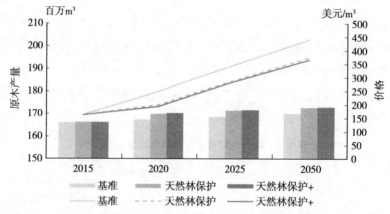

图 7.4　林业改革情景下中国原木产量和价格预测

注：折线图为原木产量；柱状图为原木价格。

2. 林业改革情景与其他情景的比较

图 7.5 是中国原木产量的历史值和预测值。历史曲线下凹的部分在 1998 年至 2007 年这一段时间，主要原因可以归结为 1998 年开始的天然林保护工程。如果没有这一外生政策的影响，1990 年至 2014 年中国国内原木产量总体上呈现逐年增长趋势。"基准情景"与历史数据保持了较好的一致性。

6 个情景中"高增长情景"国内原木生产相对于其他情景有大幅度的提高；"基准情景"产量居中；"天然林保护情景"略低于"基准情景"；"碳交易情景"与"基准情景"较为接近，但与"天然林保护情

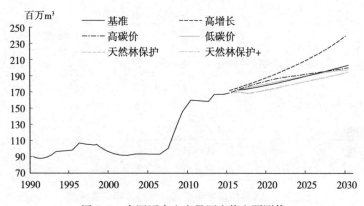

图 7.5　中国原木生产量历史值和预测值

资料来源：1990—2014 年历史值来自 FAOSTAT。

景"逐渐收敛于 2030 年。通过不同情景的比较可以发现，经济增长方式的转变对于可持续型发展无疑是最根本性，也是最为有效的，相对于 8％增长率的"高增长情景"，其他的情景国内木材生产处于更为合理的增长空间，更加具有环境友好性。

7.4.3　森林碳储量及其变化

"天然林保护"和"天然林保护＋"情景下，2030 年中国森林碳储量分别为 8.96Pg C（比基准情景高 1.02％）和 8.97Pg C（比基准情景高 1.12％）。两个情景下 2015—2030 年中国森林平均年碳汇量为 131.01Tg C 和 131.59Tg C，比基准情景分别高 4.83％和 5.3％，对中国碳减排的贡献率分别为 5.02％和 5.04％，与碳交易情景十分接近，即市场途径和政策手段产生了类似的效果（表 7.4、表 7.5）。

表 7.4　各种情景下中国森林碳储量预测

单位：Pg C

情　景	历史值				预测值			
	1990 年	2000 年	2005 年	2010 年	2015 年	2020 年	2025 年	2030 年
基准	4.6	5.46	6.02	6.52	6.99	7.58	8.22	8.87
高增长	—	—	—	—	6.99	7.56	8.13	8.64
高碳价	—	—	—	—	6.99	7.60	8.26	8.97

（续）

情　景	历史值				预测值			
	1990 年	2000 年	2005 年	2010 年	2015 年	2020 年	2025 年	2030 年
低碳价	—	—	—	—	6.99	7.59	8.25	8.95
天然林保护	—	—	—	—	6.99	7.60	8.27	8.96
天然林保护＋	—	—	—	—	6.99	7.60	8.27	8.97

注：1Pg C＝10^{15}gC，1gC＝（44/12）gCO_2e。
资料来源：历史值来自 FAO（2010）（不含竹林、经济林碳储量）。

表 7.5　各种情景下中国森林平均年碳汇量预测

单位：Tg C

情　景	历史值				预测值		
	1990—2000 年	2000—2005 年	2005—2010 年	2010—2015 年	2015—2020 年	2020—2025 年	2025—2030 年
基准	86	111	100	94	117.39	127.09	130.44
高增长	—	—	—	—	113.24	114.72	101.88
高碳价	—	—	—	—	121.04	132.73	141.38
低碳价	—	—	—	—	119.97	131.57	138.73
天然林保护	—	—	—	—	120.69	133.80	138.55
天然林保护＋	—	—	—	—	120.97	134.45	139.35

注：1Tg C＝1MtC＝10^{12}gC，1gC＝（44/12）gCO_2e。
资料来源：历史值来自 FAO（2010）（不含竹林、经济林碳汇量）。

　　图 7.6 是根据 FAOSTAT 数据和 GFPM 模拟结果计算出的中国森林碳储量和碳汇量的历史值和预测值。中国森林碳储量在所有情景下都是呈现逐渐增长的趋势。其中"高增长情景"下中国森林碳储量最小；"基准情景"是一个居中的情景。"碳交易情景"和"天然林保护情景"较为接近，均略高于"基准情景"。从存量的角度看，由于森林碳储量的基数大，因此图 7.6a 中各情景之间的差异并不明显；但如果从流量的角度观察，各个情景下中国森林碳汇能力的差别更为显著，如图 7.6b 所示。尤其是"高增长情景"下，中国森林年新增碳汇量在2021 年达到峰值，之后逐年减少，碳汇能力远低于其他情景。这说明经济增长对林业碳汇潜力的影响最大，经济增长的合理转变有利于提高

森林固碳能力，从而实现经济和环境两部门的良性互动。"碳交易情景"和"天然林保护情景"结果趋同，说明通过市场途径和政策手段来增强中国森林生态服务功能将取得类似的效果，使得国内木材采伐减少而增加森林碳汇。

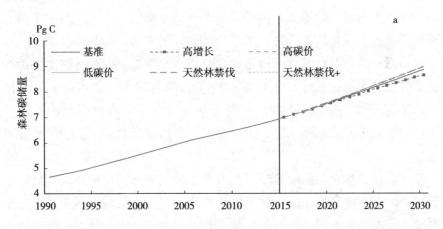

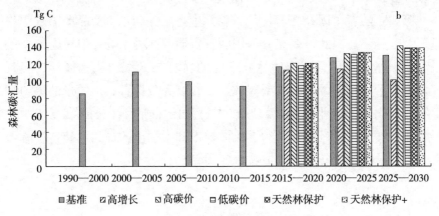

图 7.6 中国森林碳库和碳汇量预测

资料来源：历史值来自 FAO（2010）（不含竹林和经济林）。

7.5 本章小结

本章主要结论有以下几点：

第一，在本研究设定的三类情景（共计 6 种情景）下，2015—2030

年中国森林平均年碳汇量为 109.95~131.72Tg C，到 2030 年中国森林碳储量预计为 8.64~8.97Pg C，约为 2010 年中国森林碳库的 1.33 倍。

第二，经济增长率变化对中国森林碳汇的影响最为显著。对比 6 种情景，高增长情景下森林资源存量最低。经济增长率的适度降低，并不影响森林资源存量的增长，但能够降低国内木材需求，从而减少木材资源消耗，扩大森林碳汇供给，实现经济和环境两部门的良性互动。

第二，碳价与森林碳汇量正相关，但碳交易机制对森林碳汇供给的激励效果取决于碳价水平、供给弹性和市场扭曲程度。本研究的假定下，2015—2030 年的预测期内，碳交易对促进中国森林碳汇供给的作用有限。但是世界范围来看，碳交易机制对提高森林碳汇供给仍然是有效的。

第三，天然林保护政策对于扩大森林碳汇服务的作用与碳交易情景类似。但更为重要的是天然林保护政策改善了森林结构，强化了森林生态服务。人工林木材生产对天然林木材生产的替代是一种帕累托改进。

第四，随着中国经济增长，对森林生态服务和木材产品的需求都将呈现上升趋势。因此需要充分利用两种资源、两种市场，但更为根本的是改善中国森林质量，推动林业产业的转型与升级。从重造林、轻抚育，重数量、轻质量的粗放型森林经营转变为重抚育、重质量的集约型发展。优化林业产业结构，鼓励以农村休闲旅游为代表的第三产业发展。注重技术创新、资源节约、生产效率和附加值的提高，使传统林业产业由劳动密集型转向资本或技术密集型。

第8章 林业碳汇发展路径

林业碳汇，是指通过实施造林再造林和森林管理，减少毁林等活动，促使增加森林碳汇并与碳汇交易等相结合的过程、活动或机制（李怒云，2007）。广义上有四类林业经营过程、活动或机制能够促进森林碳汇供给：第一，通过造林和再造林增加森林碳储量（A/R）；第二，通过保护现有的森林，减少毁林和森林退化的碳排放（REDD）；第三，通过强化森林经营提高森林固碳能力（IFM）；第四，发展农林复合系统（AF）。扩大森林碳汇供给的政策措施或者策略都是从上述几点出发，实施的途径一般可分为市场途径、政府途径以及自主治理的途径。市场途径主要是规则市场和志愿市场上的森林碳汇项目交易；政府途径一般包括各种类型的生态补偿项目、税收、补贴，以及市场交易规则和林业政策的制定；自主治理包括政府间的气候谈判，也包括区域或社区志愿发起的生态补偿项目，或 NGO 发起或资助的生态补偿项目等。

本章内容主要就林业碳汇发展的市场路径和政府路径进行分析说明，并针对中国的具体情况提出林业碳汇发展策略和制度框架。

8.1 碳交易机制

8.1.1 国际碳市场

碳市场不仅具有经济和环境效率，还能够促进技术转移和能力建设，产生可持续性的共同收益，被认为是化解气候危机的良方（Kollmuss et al.，2008）。气候谈判催生了国际碳市场。国际碳市场由规则市场（或称京都市场）和志愿市场（或称非京都市场）组成。其中规则市场主要有：京都市场、欧盟排放贸易计划（EU‐ETS）、美国区域温室气体行动计划（The Regional Greenhouse Gas Initiative，RGGI）、新南威尔士温室气体削减计划（NSW Greenhouse Gas Reduction Scheme，GGAS）等。志愿市场包括：英国排放贸易计划（UK ETS）、芝加哥气候交易所（Chicago Climate Exchange，CCX）、加州气候行动组织（The California Climate Action Registry，CCAR）、加拿大温室气体抵消系统（Canada's Offset System for GHG）、南方气候计划（The Western Climate Initiative，WCI）等。当前国际森林碳汇市场交易形成了以志愿市场交易为主，规则市场交易为辅的格局。

1. 规则市场

《京都议定书》规定了三种履约机制，分别是排放贸易（Emissing Trade，ET）、联合履约（Joint Implementation，JI）和清洁发展机制（Clean Development Mechanism，CDM）。其中 ET 机制允许附件一国家及经济组织之间相互转让排放配额单位；JI 机制允许附件一国家及经济组织从其他国家的投资项目产生的减排量中获取减排信用；CDM 机制允许附件一国家及经济组织的投资者从其在发展中国家实施的、并有利于发展中国家可持续发展的减排项目中获得的"经认证的减排量"（CER）（IPCC，2007）。CDM 是唯一与发展中国家相关的机制。并且 CDM 机制允许和鼓励发达国家和发展中国家通过土地利用、土地利用变化和林业活动增加陆地生态系统的碳汇（UNFCCC，2011），但《京都议定书》第一承诺期合格的森林碳汇项目仅限于造林、再造林（A/R）项目，并不包括森林的自然修复（IPCC，2007），也不包含 REDD＋机制。

理论上，CDM 是一种发达国家和发展中国家之间的双赢机制，既可以使发达国家获得减排信用，又有助于项目东道国的可持续发展（IPCC，2007）。但实际上，CDM 市场侧重于低成本、高容量的项目，并不一定有利于实施地的可持续发展。截至 2015 年 8 月，全球 CDM 项目[①]共计7 292 项，其中 93.82%（6 841 项）是与能源相关的项目（UNFCCC，2015）。而造林、再造林项目虽然给实施项目的地区带来多样的收益，但市场份额非常小，全球迄今共计 57 项（其中，中国 5 项），在 CDM市场总项目数中仅为 0.78%。主要分布在：印度、乌干达、哥伦比亚、

[①] UNFCCC. CDM 项目数据，http：//cdm. unfccc. int/Projects/projsearch. html/2015－9－1。

中国、肯尼亚、巴西、智利、摩尔多瓦、越南、玻利维亚、巴拉圭、埃塞俄比亚、阿尔巴尼亚、秘鲁、乌拉圭、尼加拉瓜、阿根廷、刚果、老挝、朝鲜、尼日尔、莫桑比克、哥斯达黎加、塞内加尔（图 8.1）。

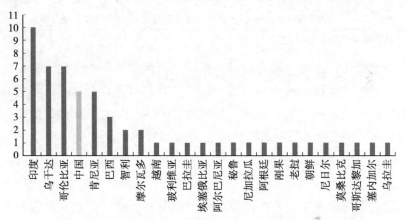

图 8.1　截至 2015 年 8 月世界全部的造林和再造林 CDM 项目

资料来源：UNFCCC（2015）。

由于造林、再造林 CDM 项目要求较高、规则复杂、计量困难、交易成本高等问题，往往缺乏经济上的可行性（表 8.1）。也有学者将限制全球造林、再造林 CDM 项目开展的因素，归结为财务约束和社会约束（Thomas et al.，2010），其中财务约束包括了相对高的种植成本和 CER 现金开始流动需要经历一段较长的时间；而社会约束主要包括知识、技能、土地产权、CDM 开展程序和计量方法的复杂、不同利益相关者的利益冲突以及对劳动投入的高要求。因此 Thomas 等（2010）认为 CDM 项目需要通过改革而更加具有灵活性，从而可以考虑到东道国和项目实施地各种不同的情况。Ma 等（2013）则建议将生态修复整合入 CDM 框架。

表 8.1　造林和再造林 CDM 项目的标准

要求	具体内容
真实性	所量化的温室气体减少是实际发生的而不是会计意义上的
额外性	林业项目产生的减排量是额外的，不能基于本来就可能发生的林业活动，如果存在漏出的情况，就不具备额外性
可验证	需要精准的项目检测

（续）

要求	具体内容
永久性	产生的森林碳汇不允许再排放到大气中，或者对这一风险做出某种承诺
可执行	需要签订合同或其他法律文件来支持森林碳抵消项目，并确保专有权

资料来源：（Fahey et al.，2010）。

综上所述，由于交易者对森林碳汇项目额外性、永久性和漏出的不确定和担忧；较高的成本和价格；以及后京都时代，森林碳汇卖方对悬而未决的气候谈判的观望态度，都限制了 CDM 市场上森林碳汇项目的发展。而"REDD＋"机制已经成为后京都时代气候变化框架下的关键性议题。"REDD＋"旨在建立一定的激励机制促使广大发展中国家保护森林，减少森林破坏和退化。虽然联合国气候委员会为"REDD＋"制定了基本的政策框架，但具体的激励机制如何建立仍然存在较大不确定性。这些不确定性包括：是否建立单边或是多边的公共基金；是否与碳市场链接；是否允许私人部门参与；是否建立公共财政支出和碳信用交易结合的机制。总体上，"REDD＋"机制将会影响国际森林碳汇市场的格局和发展方向，对于广大发展中国家林业碳汇发展尤为重要。因此中国应该把握时机，积极筹备和参与"REDD＋"机制。

2. 志愿市场

强制性减排贸易计划并非覆盖所有国家，而有一些公司、组织、政府甚至个人希望志愿抵消自身产生的碳排放，以实现减排责任，从而产生了志愿市场。志愿市场的规模虽然小于规则市场，但发展非常迅速。志愿市场相对于规则市场更加具有灵活性，并没有统一的规则和标准，文件准备简单，交易成本低，价格较低。当前志愿市场也有向标准化发展的趋势，比较有影响力的包括"志愿减排标准"（Voluntary Carbon Standard，VCS）、"气候、社区、动物多样性标准"（Climate，Community and Biodiversity Standards，CCB Standards）、"中国熊猫标准"（Panda Standard，PS）等。其中 VCS 是最为主要的标准，2012 年 VCS 类型的交易占碳市场（包括规则市场和志愿市场）的份额为 57%（Stanley & Gonzalez，2013），并且 VCS 标准启动了全球注册系统，该系统能够确保所有的志愿市场签发的碳信用（Voluntary Carbon Units，VCUs）从签发到退役全程可追溯。

全球森林碳汇（或称森林碳补偿）项目的交易以志愿市场为主。根据 Forest Trends Ecosystem Marketplace 的统计数据（Stanley & Gonzalez，2013），2012 年全球农业、林业和土地利用（AFOLU）类型的碳汇项目，共计交易量为 28Mt CO_2e，交易额为 216.1 百万美元。而志愿市场交易量的份额占到了 95%（26.7Mt CO_2e），交易额的份额占到了 92%（198 百万美元），如表 8.2 和图 8.2。后京都时代，森林碳汇交易者对 CDM 市场持观望态度，志愿市场有较大幅度的增长，2012 年相对于 2011 年的成交量和成交额，分别增长 26% 和 86%，见图 8.2。私营部门是最大的买家，总计购买量为 19.7MtCO_2e，占有市场 70% 成交量。其中三分之二的买家是跨国公司，购买的动机主要是出于社会责任，或者希望成为行业的气候领导者，或是向管理部门传递信息。森林碳汇项目遍布世界 58 个国家，从成交量看，以北美最多为 8.5MtCO_2e，其次是欧洲为 7.5MtCO_2e，拉美为 3.8MtCO_2e，大洋洲为 3.5MtCO_2e，亚洲为 2.9MtCO_2e，非洲小于 1MtCO_2e。由于对林业项目额外性的担忧和以清洁技术投资为主的发展走势，欧洲市场上的林业碳信用在减少；而在美国志愿市场上森林碳汇项目仍有较大作为。

表 8.2 世界森林碳汇市场概况

市场类型	市场名称	交易量（Mt CO_2e）		交易额（百万美元）	
		2011 年	2012 年	2011 年	2012 年
志愿市场	志愿市场 OTC	16.7	22.3	172	148
	加州/WCI	1.6	1.5	13	12
	澳大利亚 CFI	—	2.9	—	38
	总计	18.3	26.7	185	198
规则市场	CDM/JI	5.9	0.5	23	0.6
	新西兰 EST	—	0.2	—	1.9
	其他	1.5	0.6	29	15.6
	总计	7.4	1.3	52	18.1
一级市场		21	22	143	137
二级市场		4.9	8.3	54.7	57
总计		25.7	28	237	216.1

资料来源：Stanley 和 Gonzalez（2013）。

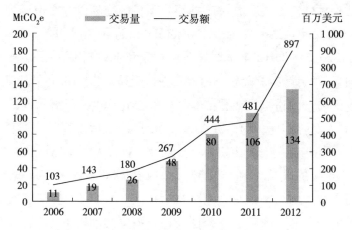

图 8.2　世界森林碳汇项目累积成交量和交易额

资料来源：Stanley 和 Gonzalez（2013）。

国际碳市场上主要的林业碳汇项目有四类，分别是：造林、再造林和植被恢复（A/R），森林经营改善（IFM），减少毁林和森林退化产生的碳排放（REDD），可持续农业及农林复合实践。2012 年的市场成交量中，A/R 和 REDD 各占 31%，IFM 占 18%，农业及农林复合项目占 20%。A/R 一直是最为主要和传统的森林碳汇项目；由于受到《哥本哈根协议》的影响，REDD 项目发展迅猛，2012 年的市场份额与 A/R 项目持平，主要的项目实施地在拉丁美洲和非洲；IFM 项目也逐渐受到欢迎，志愿市场的买家和原本定位于规则市场交易的卖家都愿意交易 IFM 项目；农业及农林复合项目相对前面几种数量较少，主要来自芝加哥气候交易所的土地利用相关项目（Stanley & Gonzalez，2013）。

志愿市场相对于规则市场更加受到欢迎，原因在于：志愿市场提供了更多参与的可能性，政府部门、企业、组织和个人都可以参与到其中；对于企业或政府而言，通过参与到志愿市场交易，能够获得更多关于碳核算、减排和市场交易的经验，从而为未来限额贸易（Cap and Trade）体系的参与或筹备做好准备工作；公司通过志愿减排与公众建立积极的关系，能够获得良好的商誉；志愿市场林业碳汇项目实施更加具有灵活性，从而有创新和实验的可能；更为重要的是志愿市场项目相对于 CDM 项目具有成本有效性，相对而言可以达到更高的碳削减水平，但又不会影响到公平性（Kollmuss et al.，2008）。综上所述，志愿市场上的森林碳补偿交易有灵活多样的形式，较低的交易成本，不仅有助于个人、企业和组织实现社会责任，更能够为社区带来多样的收益，是未来主要的发展方向。

8.1.2　国内碳交易

1. 市场概况

我国国内碳交易试点工作也在积极探索中，2013 年北京市、天津市、上海市、重庆市、广东省、湖北省、深圳市正式启动了碳交易试点。2017 年启动全国统一碳排放权交易体系，将成为世界第二大碳市场。此外，我国也积极参与国际碳市场交易。从规则市场来看，截至 2015 年 5 月 5 日，国家发展改革委批准的全部 CDM 项目[①]共计 5 073 项，不论是数量还是规模都在世界居领先地位。其中 52%分布在西部的 11 个省区，22%分布在东部 10 省区市，17%分布在中部 5 省，9%分布在东北三省，如表 8.3 所示。

表 8.3　中国 CDM 项目数量和分布

省区市	项目数	省区市	项目数	省区市	项目数	省区市	项目数
四川	565	山西	187	江苏	131	重庆	80
云南	483	贵州	175	广西	128	青海	72
内蒙古	381	河南	174	广东	125	北京	28
甘肃	269	宁夏	162	福建	123	上海	25
河北	258	辽宁	158	陕西	122	海南	25
山东	249	吉林	155	浙江	121	天津	18
新疆	201	黑龙江	141	安徽	96	西藏	0
湖南	200	湖北	136	江西	85	合计	5 073

资料来源：CDM 项目数据库系统（国家发改委应对气候变化司，2015）。

按照 CDM 项目减排类型来看，主要以新能源和再生能源项目为

---

① 国家发改委应对气候变化司，CDM 项目数据库系统，http：//cdm. ccchina. gov. cn/NewItemList. aspx/2015‐9‐1。

主，而造林再造林（A/R）项目总计仅 5 项，占中国 CDM 总项目数的比重不足 0.1%。但从世界 CDM 造林再造林项目的总量来看，中国 CDM 造林再造林项目已经占到了规则市场的 8.7%。这 5 个造林、再造林项目分别是："诺华川西南林业碳汇""社区和生物多样性造林再造林项目""中国广西西北部地区退化土地再造林项目""中国广西珠江流域治理再造林项目""中国四川西北部退化土地的造林再造林项目""中国辽宁康平防治荒漠化小规模造林项目"，估计年减排量共计 315 220tCO₂e，详情如表 8.4 所示。

表 8.4　中国造林再造林 CDM 项目数量和分布

项目名称	项目业主	国外合作方	估计年减排量（tCO₂e）	进展
中国广西西北部地区退化土地再造林项目	广西隆林各族自治区县林业开发有限责任公司	生物碳基金，国际复兴开发银行	70 272	已签发
中国广西珠江流域治理再造林项目	环江兴环营林有限责任公司	国际复兴开发银行	20 000	已签发
诺华川西南林业碳汇、社区和生物多样性造林再造林项目	四川省大渡河造林局	诺华制药公司	40 214	已注册
中国四川西北部退化土地的造林再造林项目	四川省大渡河造林局		26 000	已注册
中国辽宁康平防治荒漠化小规模造林项目	康平县张家窑林木管护有限公司	庆应义塾	1 124	已批准

资料来源：CDM 项目数据库系统（国家发改委应对气候变化司，2015）。

制约 CDM 项目开展的主要原因在于项目标准高、要求高，实施的难度较大，因此成本高、价格高，需求有限。例如，世界第一大国际碳交易体系——欧盟碳交易体系并不接受林业碳汇项目。CDM 林业项目的发展受制于国际气候谈判的议程，后续应该重点关注联合国气候变化框架下"REDD＋"机制的发展。相对而言，志愿市场的森林碳汇项目有更大的灵活性和发展潜力，特别是国家统一碳排放体系的建立，将为国内森林碳汇交易提供较大增长空间。

近年来，随着企业、组织和个人社会责任意识的加强，希望通过自主减排消除碳足迹的需求不断提高，中国森林碳汇志愿市场也有一定程度的发展。其中，"中国绿色碳汇基金会"[①]（以下简称基金会）是经国务院批准，我国首家以增汇减排、应对气候变化为主要目标的全国性公募基金会，是国家林业局"应对气候变化与节能减排领导小组"办公室副主任单位，于 2012 年被联合国气候变化框架公约秘书处批准为缔约方会议观察员组织。截至 2014 年年底，该基金会已获得来自国内外捐款 5 亿多元人民币，先后在全国 20 多个省区市营造和参与管理碳汇林 8 万多 hm²，并在全国部署了 66 片个人捐资与义务植树碳汇造林基地。基金项下实施了 10 项林业碳汇项目、21 项专项基金项目和 26 项碳中和基金项目，为企业、组织和公众成功搭建了一个通过林业措施"储存碳信用、履行社会责任、增加农民收入、改善生态环境"四位一体的公益平台（中国绿色碳基金会，2015）。基金会的"广东长隆碳汇造林项目"是国内首个获得国家发改委减排量签发的中国林业温室气体志愿减排项目（林业 CCER 项目），项目计入期 20 年（2011 年 1 月 1 日至 2030 年 12 月 31 日）内，预计可产生减排量 34.7 万 tCO_2e，年均减排量为 1.7 万 tCO_2e。此外，基金会还与华东林权交易所签订了战略合作协议，在全国率先开展了林业碳汇交易试点工作，2011 年阿里巴巴等 10 家企业在此平台上订购了 14.8 万 t 林业碳汇指标。

"熊猫标准"[②]（China's Panda Standard for A/R Projects）是中国第一个志愿碳减排标准。由北京环境交易所联合 BLUENEXT 交易所发起，旨在探索通过市场化机制实现东部补偿西部，城市补偿农村，高排放者补偿低排放者的新模式，为初生的中国碳市场提供透明而可靠的碳信用额；并通过鼓励对农村经济的投资来达到减贫目标。"熊猫标准 1.0"在 2009 年 12 月的哥本哈根气候峰会上发布。"熊猫标准"下，已签发的项目有"云南西双版纳竹林造林项目"，已注册的项目有"川西南大熊猫栖息地恢复项目"（熊猫标准，2015）。

---

① 中国绿色碳基金会，http：//www.thjj.org/2015-10-1。
② 熊猫标准，http：//www.pandastandard.org/index_cn.html/2015-10-1。

此外，国内也有按照国际志愿减排标准（Voluntary Carbon Standard，VCS）开发的森林碳汇项目。2013 年在 VCS 平台注册的"江西省乐安县林业碳汇项目"① 是国内首例 VCS 项目，该项目签发的碳信用（VCUs）将在广州碳排放权交易所挂牌交易。

总体上，森林碳汇项目和市场交易在中国来说仍然是新生事物，但随着经济增长对碳排放空间的需求不断增加，气候变化对碳排放的约束不断加强，国内统一碳市场的建立，企业、组织和个人自主减排意识的强化，各类型森林碳汇项目的广泛开展是必然的发展趋势。森林碳汇志愿市场的发展不仅能够为林业生态建设扩大融资渠道，还能够为未来森林碳汇纳入国内统一碳排放体系积累经验。具有减排义务的企业通过捐资造林，能够"未雨绸缪"为强制减排提前储备碳信用，也能够体现出企业的社会责任，提高企业影响力。组织和个人也能够通过认捐造林的活动，参与到应对气候变化的过程中，从而建立起应对气候变化社会责任共担的机制。

2. 案例研究

本研究以浙江省为案例点，对林业碳汇项目发展进行了实地调研。浙江省发展林业碳汇项目的有利条件包括：第一，是我国东部经济最发达的省份之一，对优质的生态环境有较高的偏好；第二，是碳排放大省，对森林碳汇服务的需求较高；第三，民营资本雄厚，浙商富有企业家精神；第四，碳汇林业用地资源充足；第五，林权改革、林地流转和交易在全国处于领先地位。当前浙江省林业碳汇项目的开展主要依托于中国绿色碳基金的平台，省市一级成立了浙江碳汇基金、温州碳汇基金和临安碳汇基金；浙江碳汇基金项下设有鄞州专项和北仑专项，温州碳汇基金项下设立了瑞安专项。建立了从中国绿色碳基金到省市，再到县区的三级管理和资金募集的体系。截至 2012 年年底，浙江省共募集社会资金 15 888.4 万元，共建成 7 396.39hm² 碳汇林。此外，浙江省华东林权交易所与中国绿色碳基金达成战略伙伴关系，正式开始了森林碳

---

① 中国林业碳汇网，我国首例 VCS 林业碳汇项目成功注册，http://www.zglyth.com/html/4889/4889.html/2013 - 11 - 11。

汇交易的试点。但调研中也反映出了一些当前存在的实际问题，主要包括：第一，林业碳汇项目的开展仍然缺乏有效的经济激励机制，企业当前没有强制减排的义务，志愿市场上交易也可能存在履约问题。第二，成本较高。既包括较高的土地租金和造林、营林投入的成本，也包括林地流转、计量监测过程中产生的较高的交易费用。第三，缺乏林业碳汇技术标准。第四，社会公众对森林碳汇的认知有限，当前林业碳汇项目仍然是政府主导型。

上述问题的解决，首先需要政府发挥规则制定的职能，包括：法律法规的健全、激励机制的建立、碳汇技术标准的建立和发布、市场秩序的监管、服务平台的搭建、公共服务的提供。其次，若要调动微观供给主体的参与森林碳汇供给和市场交易的积极性，还必须深化林权改革，规范和鼓励林地流转，减免林业税费，调整农村金融体制，扩大农村融资渠道，促进能力建设。最后，还需要做好宣传和信息发布的工作，鼓励个人、组织或者企业通过捐资造林践行社会责任，实现碳中和。

8.2 生态补偿机制

由于森林生态服务大多数是非市场的价值，因此需要通过一定生态补偿机制将外部性内部化，来解决这种公共物品供给的市场失灵。森林碳汇市场交易可以视为生态补偿的市场化途径。除此之外，生态补偿还有多种形式。如果按照付费者来划分，可分为政府出资的生态补偿项目，使用者付费的生态补偿项目，以及第三方出于社会责任或其他目的志愿开展的生态补偿项目。

各种类型的生态补偿方式各有优劣，也有不同的适用范围。森林碳汇服务这样的公共物品，具有排他性、非竞争性，难以界定谁是使用者。除了碳交易之外，只有政府付费方式是可行的生态补偿途径。现实中，专门针对森林碳汇补偿的政府付费项目还比较少见。由于森林生态系统提供多样化的服务，存在多种效益，政府主导的大型生态系统补偿项目或工程，一般会将加强森林碳汇供给的目标和措施，纳入生态系统功能修复的一揽子计划。如，将发展林业碳汇的植树造林和森林保护计划，与水域保护、生物多样性保护、农地修复、荒漠化治理、景观建设、减轻贫困、可持续性发展等多种目标整合在一起。

例如，中国开展的"天然林保护工程""退耕还林工程"，美国"农地保护计划"（The Conservation Reserve Program，CRP），哥斯达黎加"国家生态补偿项目"（Pago por Servicios Ambientales，PSA），墨西哥"碳汇、生物多样性服务市场发展和农林系统建立/改善项目"（Program to Develop Environmental Services Markets for Carbon Capture and Biodiversity and to Establish and Improve Agroforestry Systems，PSA‐CABSA），英国"新环境土地管理计划"（New Environmental Land Management Scheme，NELMS）等。这些政府主导的生态补偿项目大多是生态系统修复的一揽子计划，森林碳汇服务的强化可能是计划篮子中的一项（如表8.5所示），也可能只是项目实施的副产品，但由于政府主导的生态补偿项目一般规模大、覆盖面积广、持续时间长，客观上都起到了扩大森林碳汇的作用。就中国天然林保护工程而言，胡会峰和刘国华（2006）估算出1998—2004年工程新增碳汇量为44.09Tg C，作者的测算结果表明2003—2013年新增碳汇量为795.36Tg C。

表8.5　政府付费型生态系统补偿项目的示例

项目名称	出资方	项目目标
中国退耕还林工程	政府	生态修复
中国天然林保护工程	政府	天然林保护 生物多样性保护
美国农地保护计划	政府	饮用水保护 减少土壤流失 野生动物栖息地保护 保护和恢复森林、湿地 为遭受自然灾害损失的农户提供帮助
哥斯达黎加生态补偿计划	政府	森林碳汇 水文服务 生物多样性和景观保护

（续）

项目名称	出资方	项目目标
墨西哥 PSA - CABSA 项目	政府	碳汇 生物多样性 农林系统的建立和改善
英国新环境土地管理计划	政府	生物多样性 水文服务 历史环境 教育机会

资料来源：根据各国相关机构网站资料整理。

需要注意的是，生态补偿项目并非万能灵药。社会效率低下、缺乏额外性、存在漏出问题、持久性不足、目标瞄准偏差都会影响项目的效率和有效性（Engel et al.，2008）。Pagiola 和 Platais（2007）等指出政府付费的生态补偿项目可能会缺乏效率，原因在于生态服务的实际购买者并非服务真正的使用者，因此没有一手资料，也不能直接观察到生态服务是否在供给；而最根本的原因可能在于项目实施的效率与政府机构并没有直接的利害关系，或者政府真正的动机只是迫于政治压力。因此可能会产生委托代理的问题。

中国开展林业重点工程主要通过自上而下的行政手段推行，交易成本相对较小，但缺乏自下而上的参与机制，会对工程的效率和有效性产生较大影响。例如，退耕还林的补偿并不考虑区域的经济发展和机会成本的差异，采用全国统一的补偿标准，因此补偿不足和补偿过度的情况都存在（Xu et al.，2004）。Li 等（2011）的研究发现中国西部开展退耕还林工程，并未达到政府促进农民非农就业转移的目的。Yin 和 Yin（2010）认为中国大型林业重点工程存在的问题包括：管理和评估的不足，严重依赖财政支出，政策缺乏弹性和连续性，政府机构之间合作机制缺失，对工程实施地的利益考虑不充分，对实施技术合理性的忽视。因此，总的来说中国大型生态修复工程的后续发展应该更加关注生态效益的评估；将造林后的抚育经营纳入项目的范围；建立跨部门的合作机制；扩大融资渠道；项目管理实施的过程要做到公正、公开和透明；尤为重要的是需要考虑社区的利益，鼓励社区群众的自主治理，建立自下而上的项目实施机制。

8.3 中国林业碳汇发展路径

8.3.1 碳汇策略

中国幅员辽阔，森林资源分布不均，不同地区自然地理条件、森林资源禀赋、经济水平和林业建设情况都存在较大的差异。各地区林业碳汇发展需要充分考虑这些差异性，因地制宜地开展。我国的森林资源主要集中在东北林区、西南林区和南方林区，共计 17 个省区市，约占全国森林面积的 79.5%，森林蓄积的 87.8%；其他森林资源相对贫乏的地区归为三北林区，如图 8.3 所示。从经济发展水平看，东北、西南、南方三大林区中多为经济欠发达或次发达省份，仅广东、福建、浙江、海南为经济相对发达的省份。而中国经济最发达的省份多位于三北林区。如果从森林碳汇供求的角度看，三大林区是主要的供给方，三北林区的东部省区市是主要的需求方。当前的国民经济核算并未考虑环境和资源账户，未扣除经济活动中的自然资源耗减成本和环境污染代价，也无法反映出上述碳汇供给地区的经济贡献，显然有失公平，并且可能导致不正确的价值导向，使环境污染产业、落后产能以低廉的成本向这些生态服务提供地区转移。因此政府需要进行绿色 GDP 核算，在国民经济账户中反映出森林生态服务价值的经济贡献。建立健全生态补偿机制，大力发展森林碳补偿市场交易机制，实现工业反哺林业、城市反哺农村。

单就林业发展而言，如果实施恰当的林业碳汇策略，各个地区森林碳汇仍有较大的增长空间。总体上我国森林资源蓄积水平偏低，因此通过改善森林经营提高森林固碳能力（IFM），是最为基本和普适的发展策略。其他策略需要具体考虑区域的森林资源特点和森林资源存量的动态变化的过程。

西南林区（四川、重庆、云南、西藏）森林资源最为密集且优质，虽然面积仅为中国森林总面积的 23.6%，但森林蓄积量却占到了全国

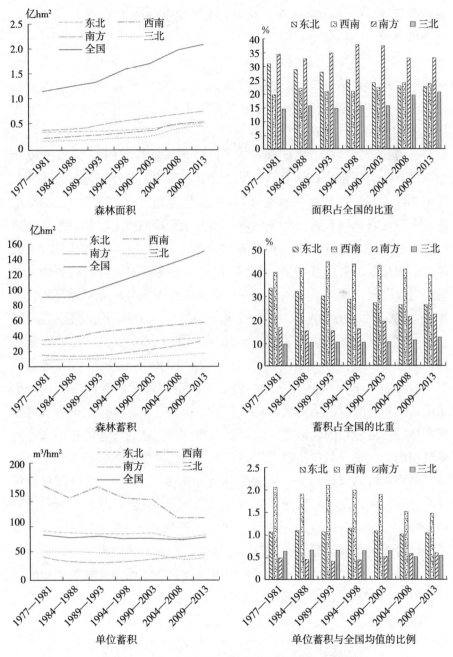

图 8.3　第二次到第八次全国森林资源清查数据

资料来源：Demurger 等（2009）；2009 年和 2013 年《中国林业统计年鉴》。

蓄积总量的 39.1%，蓄积水平约为全国平均水平的 1.47 倍，是中国森林碳库最大、固碳能力最强的地区。这里是中国主要的大江大河源头，生态区位极为重要，因此被纳入天然林保护、退耕还林等林业重点工程的范围，使得森林资源得以保护和发展。在 30 多年的时间跨度内森林面积和蓄积都稳健增长，产生了良好的生态效益，实现了社会系统和生态系统的良性互动。这一地区林业碳汇发展应主推 REDD 策略，即避免森林退化或者毁林造成的碳排放。此外还需要注意的是，由于 20 世纪 80 年代末 90 年代初开始，这里的森林面积增长的速度远远大于蓄积量增加的速度，森林蓄积水平在过去 30 年下降了 23.33%，说明林业重点工程对森林面积扩张的关注度远远大于蓄积的改善。如果能够做好造林之后的营林抚育工作，提高森林的生产力，将有较大的固碳潜力。因此西南地区也有较强的 IFM 发展潜力，应该更加注重森林集约式经营。与此同时，四川、重庆、云南三省市森林面积与林业用地面积比重为 73%～78%，仍然具备一定的造林、再造林（A/R）发展潜力。

东北林区（黑龙江、吉林、内蒙古）森林资源丰富，森林质量较高，单位蓄积略高于全国平均水平，森林面积和蓄积占全国比重的 22.7% 和 26.5%，但根据第二次到第八次全国森林资源清查，这两个比重在逐年下降，说明发展滞后于全国平均水平。这里也是国有林区和国有林场重点分布的地区之一。由于长期以来存在的管理体制不顺，经营机制僵化，投入渠道不畅等原因，国有林场和国有林区陷入了资源危机与经济危机的双重困境。因此中国政府在 2015 年出台了《国有林场改革方案》和《国有林区改革指导意见》，全面部署了国有林场和国有林区改革工作。这一地区发展林业碳汇应该注重 IFM 碳汇策略，重点考虑如何强化森林经营、扩大森林生物量，提高森林固碳能力；同时也要避免毁林和森林质量的退化。其中内蒙古的森林面积和林业用地面积比重仅为 0.57%，因此具备较大的 A/R 碳汇发展潜力。

南方林区（安徽、浙江、福建、江西、湖南、湖北、广东、广西、海南、贵州）森林面积最大，占全国总面积的 33.2%，但蓄积量仅为全国的 22.2%，因此森林蓄积水平偏低，仅为全国平均水平的 60%，森林质量较差。但从发展趋势看，仍然是往好的方面发展，三十多年间森林蓄积量总体上呈现上升趋势。南方的自然条件和气候适合树木的快速生长，这一地区偏低的蓄积水平，表明可能存在制度性障碍，但同时也说明有较大发展潜力，应该成为中国"应对气候变化林业行动计划"重点实施区域。这里也是中国主要的集体林区，林地破碎化程度高，森林权属关系复杂，因此资源治理的复杂程度远高于其他地区，激发南方集体林区在应对气候变化中的潜力，势必要求林权改革的深化，进一步的制度创新，以及强调应对气候变化过程中的社区自主治理。同时南方集体林区的林业发展土地资源约束趋紧，森林面积占林业用地面积比重除贵州为 76％外，其他省区这一比例高达 81％～94％，总体上可造林面积较少，因此这里的林业碳汇发展也应该重点关注 IFM 碳汇策略，注重森林蓄积水平的提高。

三北林区（14 省区市）森林资源禀赋总体较差，生态脆弱，森林面积和蓄积约占全国的 20.5％和 12.2％，单位蓄积仅为全国平均水平的 53％。在过去的三十多年间，森林面积和蓄积都有一定程度增加，2013 年相对于 1977 年面积和蓄积占全国的比重分别提高了 5.2 个百分点和 2.7 个百分点。因此面积增长率高于蓄积增长率，在实施相关林业工程时，应该走出过分注重森林面积指标的误区，更加注重森林质量的改善。其中山西和宁夏森林面积仅占林业用地面积的 37％和 33％，有较大的造林、再造林潜力。

需要说明的是，上述内容并没有考虑农林复合系统实践。原因在于农林复合系统实践具有高度的异质性，需要更具体和细致地考察社区农业发展的实际情况，并没有统一模式，也不可能就某一特定模式大规模推广。在政策的制定上更加需要跨部门的合作。如果能够因地制宜的开展，对于增加森林碳汇、保护环境、提高农业生产率、增加农户收入，都是共赢的策略。

8.3.2　制度框架

现代经济中，市场在资源配置中起到了决定性的作用，但市场并不是产品和服务供给的唯一机制（Coase，1974）。森林生态服务是全球性公共物品，无法完全市场化，会出现供给的市场失灵，因此需要政府采用公共预算或者税收手段，以及建立一定的合作机制。然而政府也存在失灵情况，不当政策也会对自然资源管理产生扭曲的作用（Heath & Binswanger，1996）。因此对于公共资源的治理问题，Ostrom（2005）指出"不可能指望一种制度安排对所有物品和服务都是适当的"，政府、市场或者自主治理都是如此，并没有普遍适用的规律或者原则。因此需要建立起"多中心治理系统"，在这个系统中政府、市场、社会群体和其他组织都在公共资源治理中发挥着各自的作用。

在中国林业碳汇发展中，政府的主要职能表现为：通过与其他社会子系统的多元互动来确定公共政策。在公共政策的制定和执行中必须尊重自下而上形成的"自生秩序"（Ostrom，2005），实行适应性治理（Dietz & Ostrom，2003）。具体政策框架包括如下几个方面：

（1）从经营主体培育的角度，政府公共政策制定应该充分调动广大农户和社会力量参与林业建设的积极性。具体包括：第一，林权改革深化，充分赋予林业经营主体的经营权、收益权和处置权；规范林地流转，允许个人或者组织通过自主治理以转让、租赁、转包、入股、互换或拍卖等多样化的方式获得林地经营权。第二，减免过高的林业税费，降低林业经营成本。第三，进行木材采伐制度改革的试点工作，鼓励经营主体根据市场价格信号，自主决定商品林的经营管理和生产决策。第四，为经营主体参与林业碳汇建设，减免税收，实行补贴，并提供基础设施服务、信息服务、技术服务和金融服务。第五，鼓励企业、组织和个人捐资造林实现碳中和。

（2）从市场发展的角度，政府应该通过制度创新、技术支持和信息服务，鼓励和培育国内森林碳汇项目发展，将其纳入国家统一的碳交易体系，并且与国际市场的森林碳汇交易接轨。

（3）从生态补偿的角度，要建立和健全区域间的生态补偿机制。实现 3E（效益、效率、公平）评估标准。充分考虑社区利益，增强资源利用者和政府机构之间，以及政府相关机构之间的合作交流；采取有效的监督和核查措施，设立有效的争议解决机制和问责机制；建立自下而上的、富有弹性的、由社区资源使用者组织和管理的持久合作制度。

（4）从资金来源上，除公共预算的支出外，还需充分利用国内、国际碳市场，以及多渠道的气候资金。

（5）从林业建设的角度，国有林场林区、生态公益林、林业重点工程建设，以及政府部门的营林造林工作要进行公开、透明的绩效评估，建立森林质量监测评估和信息发布系统，重点考核生态效益指标。扩大林业建设融资渠道，创新投入机制，加大对营林抚育的投入。

（6）从制度保障的角度，政府首先需要修订《森林法》，从立法的角度强调森林生态服务价值，体现出我国林业发展由获取经济利益为主转向提供生态服务为主的战略转型，为林业碳汇应对气候变化和林业产业转型升级提供法律保证。其次，开展绿色 GDP 核算，国民经济账户需要反映森林生态服务的经济价值和环境破坏的成本。此外，还需要展开国际交流与合作，深入参与气候变化的全球治理。

总体而言，需要合理划分政府和市场的边界，让市场在资源配置中起决定性作用，而政府的主要职能是通过公共政策制定来弥补市场失灵的缺陷，同时还需要强调森林生态服务供给中社区群众和各类利益相关者的自主治理，建立"多中心治理系统"。具体的逻辑框架如图 8.4 所示：

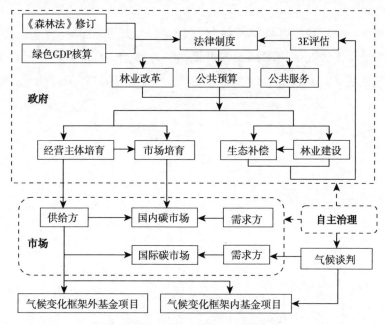

图 8.4　中国林业碳汇发展路径

8.4　本章小结

本章内容介绍了林业碳汇发展的基本策略和实施路径；说明和分析了森林碳汇市场交易、生态补偿项目的现状、约束条件和发展趋势；探讨了中国不同区域的林业碳汇发展策略；构建了中国总的林业碳汇发展制度框架。主要的结论有如下几点：

第一，国际森林碳汇市场交易以志愿市场为主。CDM 机制的 A/R 项目由于要求高、标准高、成本高，有较大实施难度。总的来说，CDM 林业碳汇项目受制于气候谈判的议程。相对而言，志愿市场更具灵活性，近年来增长较快，也有广泛的发展前景。中国已经开始了森林碳汇市场交易的实践，但总体还在起步的阶段。

第二，政府付费的生态补偿项目是解决森林生态服务供给市场失灵的主要途径。但是政府付费的项目也可能出现效率和效益的问题。对于中国开展的大型林业生态修复工程而言，重要的是建立一种自下而上的参与机制。

第三，中国各地区森林资源状况和经济发展水平都有较大的差异，应该针对具体情况采用不同的碳汇策略。总体上，林业碳汇发展路径的构建需要建立政府、市场或者自主治理协调作用的"多中心治理系统"。

第9章 研究结论与政策启示

9.1 主要结论

第一，中国林业碳汇具有潜力，关键是改善森林质量。在本研究设定的三类不同发展情景下，2030 年中国森林碳储量预计为 8.64～8.97Pg C，约为 2010 年中国森林碳库的 1.33 倍；2015—2030 年中国森林平均年碳汇量为 109.94～131.72Tg C。并且这里还没有包括竹林、经济林、土壤和枯枝落叶固碳。中国森林单位蓄积偏低，并且在较长的一段时间都很难得到有效改善。原因不仅包括森林面积扩张过快，也包括蓄积量增长过慢，这说明中国林业发展可能存在目标导向不当和经营管理欠缺等问题。但同时也说明如果中国森林质量能够得到有效改善，将有巨大的碳汇潜力。不同发展情景的比较反映出，经济增长率变化对中国森林资源存量和碳储量的影响最为显著，高增长情景下木材消耗量最大，森林碳汇供给最小；当前经济增长率适度放缓有利于减少木材消耗，增加森林生态服务的供给，实现经济和环境两部门的和谐发展；碳交易和林业改革对森林碳汇供给都有一定的正向作用，效果也十分接近。

第二，中国林业碳汇发展目标具有可行性。在本研究设定的各个发展情景下，中国自主减排承诺提出的 2020 年和 2030 年林业碳汇发展目标，都能够如期达成。就"基准情景"而言，2020 年森林面积和蓄积量的预测值比目标分别高 2.6% 和 14.93%；2030 年蓄积预测值比目标值高 10.65%。实际上这并非对中国林业建设成果的高估，因为第八次中国森林资源清查结果表明，当前"2020 年的立木蓄积增长目标"已完成，"森林面积增加目标"已完成近六成。只能说明上述目标相对保守。就森林碳减排贡献而言，"基准情景"下森林碳汇对于 2030 年中国自主承诺碳减排目标的贡献率为 4.87%。

第三，经济增长方式转变有利于森林碳汇供给的增加。经济增长导致环境负外部性，使得优质的环境逐渐成为稀缺资源。同时经济增长又导致了需求偏好的改变，当经济增长到达一定的水平，社会对森林碳汇的需求会不断扩大。如何解决这种森林碳汇供给与需求之间的矛盾，需要转换经济增长方式，使消耗资源牺牲环境的粗放型发展让位于绿色低碳发展。相对于高增长，中高的经济增长率下森林资源消耗更少，森林资源存量更高，更有利于森林生态服务供给。实际上，就林业部门而言，当前所倡导的中国经济增长转型升级也反映出社会在森林木材生产价值和生态服务价值之间的取舍。

第四，碳交易机制能够增加森林碳汇供给，其效应大小取决于森林碳汇供给价格弹性。理论上，森林碳汇参与碳交易机制后，森林碳汇服务将会对木材产生一定的替代作用，表现为木材生产成本增加，供给减少；森林蓄积量增加，森林碳汇服务增加。但这种作用的大小不仅与碳价水平、林业生产周期相关，最为重要的是取决于森林碳汇供给价格弹性。影响森林碳汇供给价格弹性的因素主要包括：林业碳汇经营较长的生产周期；不论是初始期的造林投入，还是合约期内的营林抚育都需要密集的资本注入；项目开发和核证会导致较高交易成本。除此之外，还包括影响林业生产效率深层次的原因，如市场扭曲、制度性障碍、林权问题等。但从世界总量看，碳交易机制对世界森林碳汇供给仍然能够产生有效激励。

第五，天然林全面停止商业性采伐是一种帕累托改进。天然林保护工程实施以来对我国森林蓄积量的增加起到了正向作用。计量分析的结果表明天然林保护工程投入增加 1 万元，森林蓄积量增加 280m³；2003—2013 年天然林保护工程共计新增碳汇 759.36Tg C，约占全国森林总碳储量的 11.89%。但当前，天然林商业性年生产量仍然有 4 994 万 m³，在国内木材生产中约占有 30% 的份额。研究结果显示：从 2015—2030 年，全面停止天然林商业性采伐并不会对国内木材生产构成太大的影响。可能的原因是人工林采伐对天然林采伐的替代。天然林相对于人工林具更丰富的植物种类，更复杂的层次结构，更强的生态服务能力。因此天然林和人工林采伐的此消彼长，虽然并不会在多大程度上增加森林资源存量，但却能够因为资源分配的改进产生更大的生态效益。

第六，需要将森林碳汇服务纳入国民经济核算体系。中国森林密集分布的经济欠发达和次发达地区是森林碳汇服务的主要供给者，而森林资源相对贫乏的经济发达地区是森林碳汇服务的主要需求者。但是，当前的国民经济核算并不体现森林生态服务的价值和环境破坏的成本。因此有失公平和效率，不仅不能对保护森林、改善森林质量的行为产生经济激励，还可能因污染转移导致森林生态服务的损失。

第七，森林生态系统与人类社会是耦合的复杂系统。森林生态系统并非独立于人类社会之外，而是嵌入人类社会之中，两者存在多元互动的关系。森林生态系统有其自然演替的规律，但也受到人类行为的严重干扰。社会发展中各种经济、制度、技术变量会作用于森林资源利用方式，影响森林生态系统的动态平衡，而这种影响又通过改变森林生态系统的产出反馈给人类社会。森林生态系统存储了陆地生物圈90%的植物碳和80%的土壤碳，但是森林破坏和不当的资源利用也能使森林成为碳排放源。应对气候变化，需要正确认识社会系统和森林生态系统之间循环反馈的复杂关系，建立可持续的资源利用方式，实现人与自然的和谐发展。

第八，农业和林业发展存在和谐共生关系。基于中国省级面板数据的固定效应分析显示，中国农业和林业并不存在由于土地要素竞争而导致的竞争或替代关系，而是一种和谐共生关系。这其中包含了国家宏观政策、产业结构的原因，但反映出中国几千年来在人与自然关系认知上的古老智慧。农林复合系统就是一种典型的模式，通过营林造林、防风固沙、增加土壤肥力、改善水质，不仅能够提高农业生产效率，还能够增加林业收入，同时也提供了碳汇服务。农林产业的结构优化、转型升级，一二三产融合发展，特别是以乡村旅游休闲为代表的第三产业发展壮大，都依赖于这种和谐共生关系。

9.2 政策启示

基于主要的研究结论，有如下几点政策启示：

第一，转变林业发展战略。从价值取向上，需要正确认识人类社会系统与森林生态系统之间耦合的复杂关系。从功能定位上，需要由生产导向型，转变为生态服务供给导向型。从结构优化上，需要淘汰落后产能，优化一二三产结构，大力发展林业碳汇和以农林业休闲旅游为代表的第三产业。从林业产业升级上，需要注重技术创新、资源节约、生产效率和附加值的提高，由劳动密集型产业转向资本或技术密集型产业。

第二，强化制度创新。从立法角度看，《森林法》的修订需要与应对气候变化的国际法律制度相协调，体现出森林生态服务在应对气候变化和生态文明建设中的基础性作用，同时还需要肯定市场机制在森林资源配置中的作用，为中国林业产业战略转型和林业碳汇发展提供法律保障。从公平与效率的角度看，要通过绿色 GDP 核算反映出森林生态服务的经济价值和环境破坏的成本；通过建立和健全生态补偿机制，促进包容性增长和森林生态服务的有效供给。从培育森林碳汇经营主体的角度看，需要深化林权改革，改革林业税费制度和木材采伐制度，促进能力建设。从林业建设资金投入的角度，要从政府办林业转变为社会共同投入。

第三，实施适应性治理。林业建设和森林资源管理需要从以行政命令推行和管制为主，逐渐转变为适应性治理，由集权转变为分权，注重公共政策制定和执行中自下而上形成的"自生秩序"，建立社会公众共同参与、相互监督、责任共担、成果共享的林业发展机制。需要综合考虑应对气候变化过程中，不同利益相关者之间的关系和各自的职能，建立多元化的森林资源治理体系。在这一系统中林业部门的职能在于规则制定、监督管理、沟通协调和公共服务的提供。此外，还需要打破林业部门与其他政府机构之间的条块分割，建立起政府部门间沟通、协调和合作的机制。

第四，建立多中心治理系统。森林资源经营管理和森林生态服务的供给，存在政府途径、市场途径和自主治理的途径。但这些途径并不是非此即彼的关系。正如 Landell‐Mills 和 Porras（2002：3）所述："对于林业部门的资源利用和管理，关键性的问题不在于是否需要通过市场发展去替代政府干预，而在于是否能够建立起市场和机构、合作系统之间的最优组合。"因此需要建立起多中心的治理系统，在这个系统中政府、市场、社会群体和其他组织都在公共资源治理中发挥着各自的作用，并且通过彼此间的多元互动，共同决定系统的最终产出。

参 考 文 献

方精云，陈安平，赵淑清，等．中国森林生物量的估算：对 Fang 等 Science 一文（Science，2001，291：2320-2322.）的若干说明．植物生态学报，2002，26（2）：243-249.

方精云，郭兆迪，朴世龙，等．1981—2000 年中国陆地植被碳汇的估算．中国科学·地球科学（中文版），2007，37（6）：804-812.

国家林业局．第八次全国森林资源清查结果．林业资源管理，2014（1）：1-2.

郭兆迪，胡会峰，李品，等．1977—2008 年中国森林生物量碳汇的时空变化．中国科学·生命科学（中文版），2013，43（5）：421-431.

胡会峰，刘国华．中国天然林保护工程的固碳能力估算．生态学报，2006，26（1）：291-296.

李怒云．中国林业碳汇．北京：中国林业出版社，2007.

李志清．"环境库兹涅茨曲线"到底揭示了什么．http：//theory. rmlt. com. cn/2015/0324/378618. shtml/2015-3-24.

林伯强，蒋竺均．中国二氧化碳的环境库兹涅茨曲线预测及影响因素分析．管理世界，2009（4）：27-36.

孙顶强，尹润生．林产品市场模型文献综述．林业经济，2006（11）：74-80.

沈月琴，王小玲，王枫，等．农户经营杉木林的碳汇供给及其影响因素．中国人口·资源与环境，2013，23（8）：42-47.

伍德里奇．计量经济学导论．北京：中国人民大学出版社，2007：481-492.

徐冰，郭兆迪，朴世龙，等．2000—2050 年中国森林生物量碳库：基于生物量密度与林龄关系的预测．中国科学·生命科学（中文版），2010，40（7）：587-594.

徐晋涛，陶然，徐志刚．退耕还林：成本有效性、结构调整效应与经济可持续性：基于西部三省农户调查的实证分析．经济学季刊，2004，4（1）：139-162.

姚洋．发展经济学．北京：北京大学出版社，2013：284-287.

于晓华．他们为气候变化政策的经济学奠基．中国经济导报，2010-01-12.

曾程，沈月琴，朱臻，等．基于造林再造林项目的杉木固碳成本收益分析．浙江农林大学学报，2015，32（1）：127-132.

中国可持续发展林业战略研究项目组. 中国可持续发展林业战略研究总论. 北京：中国林业出版社，2009：222.

朱臻，沈月琴，白江迪. 南方集体林区林农的风险态度与碳汇供给决策：一个来自浙江的风险偏好实验. 中国软科学，2015 (7)：148-157.

朱臻，沈月琴，徐志刚，等. 森林经营主体的碳汇供给潜力差异及影响因素研究. 自然资源学报，2014，29 (12)：2013-2022.

Adams, D. M., Haynes, R. W. The 1980 softwood timber assessment market model：structure, projections, and policy simulations. Forest Science, 1980, 26 (3)：a0001-z0001.

Alexeyev, V., Birdsey, R., Stakanov, V., et al. Carbon in vegetation of Russian forests：methods to estimate storage and geographical distribution. Water, Air, and Soil Pollution, 1995, 82 (1-2)：271-282.

Andrasko, K. Climate Change and Global Forests：Current Knowledge of Potential Effects, Adaption and Mitigation Options. Rome：FAO, Forestry Department, 1990.

Bator, F. M. The anatomy of market failure. The Quarterly Journal of Economics, 1958：351-379.

Berkes, F., Folke, C. Linking social and ecological systems for resilience and sustainability. Linking social and ecological systems：management practices and social mechanisms for building resilience, 1998 (1)：13-20.

Bhattarai, M., Hammig, M. Institutions and the environmental Kuznets curve for deforestation：a crosscountry analysis for Latin America, Africa and Asia. World development, 2001, 29 (6)：995-1010.

Binkley, C. S., Van Kooten, G. C. Integrating climatic change and forests：Economic and ecologic assessments. Climatic Change, 1994, 28 (1-2)：91-110.

Brown, S., Lugo, A. E. Biomass of tropical forests：a new estimate based on forest volumes. Science, 1984, 223 (4642)：1290-1293.

Brown, S., Lugo, A. E. The storage and production of organic matter in tropical forests and their role in the global carbon cycle. Biotropica, 1982：161-187.

Brown, S., Sathaye, J., Cannell, M., et al. Management of forests for mitigation of greenhouse gas emissions. Cambridge：Cambridge University Press, 1996：773-798.

Bulte, E., Engel, S. Conservation of tropical forests：addressing market failure. R. Lopez and M. Toman eds, 2006：412-452.

Buongiorno, J. Forest sector modeling：a synthesis of econometrics, mathematical programming, and system dynamics methods. International Journal of Forecasting, 1996,

12 (3): 329 - 343.

Buongiorno, J., Zhu, S., Zhang, D., et al. The global forest products model: structure, estimation, and applications. San Diego: Academic Press, 2003.

Buongiorno, J., Zhu, S., Raunikar, R., et al. Outlook to 2060 for world forests and forest industries: a technical document supporting the Forest Service 2010 RPA assessment. General Technical Report - Southern Research Station, USDA Forest Service, 2012 (SRS - 151).

Buongiorno, J., Zhu, S. Consequences of carbon offset payments for the global forest sector. Journal of Forest Economics, 2013, 19 (4): 384 - 401.

Cacho, O., Lipper, L. Abatement and transaction costs of carbon - sink projects involving smallholders. FEEM Working Paper No. 27, 2007.

Calish, S., Fight, R. D., Teeguarden, D. E. How do nontimber values affect Douglas - fir rotations? . Journal of Forestry, 1978, 76 (4): 217 - 221.

Canadell, J. G., Raupach M. R. Managing forests for climate change mitigation. science, 2008, 320 (5882): 1456 - 1457.

Canadell, J. G., Le Quéré, C., Raupach, M. R., et al. Contributions to accelerating atmospheric CO_2 growth from economic activity, carbon intensity, and efficiency of natural sinks. Proceedings of the national academy of sciences, 2007, 104 (47): 18866 - 18870.

Cardellichio, P. A., Adams, D. M. An appraisal of the IIASA model of the global forest sector: advances, shortcomings, and implications for future research. Forest Science, 1990, 36 (2): 343 - 357.

Coase, R. H., The Problem of Social Cost. Journal of Law and Economics, 1960 (3): 1 - 44.

Coase, R. H., "The Lighthouse in Economics. " Journal of Law and Economics, 1974 (17): 357 - 376.

Coe, M. T., Marthews, T. R., Costa, M. H., et al. Deforestation and climate feedbacks threaten the ecological integrity of south - southeastern Amazonia. Philosophical Transactions of the Royal Society B: Biological Sciences, 2013, 368 (1619).

Cornes, R., Sandler, T. The theory of externalities, public goods, and club good. Cambridge: Cambridge University Press, 1996.

Cubbage, F. W., Regens, J. L., Hodges D G. Climate change and the role of forest policy. Emerging Issues in Forest Policy. PN Nemetz, ed, 1992: 86 - 98.

Culas, R. J. Deforestation and the environmental Kuznets curve: An institutional perspective. Ecological Economics, 2007, 61 (2): 429 – 437.

Davis, J., Hulett, J. An Analysis of Market Failure: Externalities. Public Goods, and Mixed Goods. Florida: University Presses of Florida 1977: 46 – 47.

Démurger, S., Yuanzhao, H., Weiyong, Y. Forest Management Policies and Resource Balance in China An Assessment of the Current Situation. The Journal of Environment & Development, 2009, 18 (1): 17 – 41.

Dietz, T., Ostrom, E., Stern, P. C. The struggle to govern the commons. science, 2003, 302 (5652): 1907 – 1912.

Dixon, R. K., Solomon, A. M., Brown, S., et al. Carbon pools and flux of global forest ecosystems. Science, 1994, 263 (5144): 185 – 190.

Levin, S. A. Fragile Dominion: Complexity and the Commons, Springer Verlag Ny, 1999.

Dudek, D. J., LeBlanc, A. Offsetting new CO_2 emissions: a rational first greenhouse policy step. Contemporary Economic Policy, 1990, 8 (3): 29 – 42.

Ehrhardt – Martinez, K., Crenshaw, E. M., Jenkins, J. C. Deforestation and the Environmental Kuznets Curve: A Cross – National Investigation of Intervening Mechanisms. Social Science Quarterly, 2002, 83 (1): 226 – 243.

Engel, S. Payments for Environmental Services: Potentials and Caveats. IED Newsletter No. 1. Zürich: Institute for Environmental Decisions. ETH, 2007.

Engel, S., Pagiola, S., Wunder, S. Designing payments for environmental services in theory and practice: An overview of the issues. Ecological economics, 2008, 65 (4): 663 – 674.

Fahey, T. J., Woodbury, P. B., Battles, J. J., et al. Forest carbon storage: ecology, management, and policy. Frontiers in Ecology and the Environment, 2009, 8 (5): 245 – 252.

Fang, J. Y., Wang, Z. M. Forest biomass estimation at regional and global levels, with special reference to China's forest biomass. Ecological Research, 2001, 16 (3): 587 – 592.

Fang, J., Chen, A., Peng, C., et al. Changes in forest biomass carbon storage in China between 1949 and 1998. Science, 2001, 292 (5525): 2320 – 2322.

Fang, J., Wang, G. G., Liu, G., et al. Forest biomass of China: an estimate based on the biomass – volume relationship. Ecological Applications, 1998, 8 (4): 1084 – 1091.

FAO. Global Forest Resource Assessment 2005. Rome: FAO, 2006.

FAO. Global Forest Resources Assessment and Country Report for China 2010. Rome: FAO, 2011.

Friedlingstein, P. , Andrew, R. M. , Rogelj, J. , et al. Persistent growth of CO_2 emissions and implications for reaching climate targets. Nature geoscience, 2014, 7 (10): 709 – 715.

Gallopín, G. C. , Gutman, P. , Maletta, H. , Global impoverishment, sustainable development and the environment: a conceptual approach. International Social Science Journal 121, 1989: 375 – 397.

Gilless, J. K. , Buongiorno, J. PAPYRUS: A model of the North American pulp and paper industry. Forest Science, 1987, 33 (Supplement 28): a0001 – z0002.

Golub A, Hertel T, Lee H L, et al. The opportunity cost of land use and the global potential for greenhouse gas mitigation in agriculture and forestry. Resource and Energy Economics, 2009, 31 (4): 299 – 319.

Goodale, C. L. , Apps, M. J. , Birdsey, R. A. , et al. Forest carbon sinks in the Northern Hemisphere. Ecological Applications, 2002, 12 (3): 891 – 899.

Grainger, A. The forest transition: an alternative approach. Area, 1995: 242 – 251.

Grossman, G. M. , Krueger. A, B. , Environmental impacts of a North American free trade agreement. Cambridge, MA: National Bureau of Economic Research, 1991.

Guo, Z. , Fang, J. , Pan, Y. , et al. Inventory – based estimates of forest biomass carbon stocks in China: A comparison of three methods. Forest Ecology and Management, 2010, 259 (7): 1225 – 1231.

Haim, D. , White, E. M. , Alig, R. J. Permanence of agricultural afforestation for carbon sequestration under stylized carbon markets in the US. Forest Policy and Economics, 2014, 41: 12 – 21.

Hartman, R. The harvesting decision when a standing forest has value. Economic inquiry, 1976, 14 (1): 52 – 58.

Heath, J. , Binswanger, H. Natural resource degradation effects of poverty and population growth are largely policy – induced: the case of Colombia. Environment and Development Economics, 1996, 1 (01): 65 – 84.

Heath, L. S. , Smith, J. E. , Skog, K. E. , et al. Managed Forest Carbon Estimates for the US Greenhouse Gas Inventory, 1990 – 2008. Journal of Forestry, 2011, 109 (3): 167 – 173.

Hertel, T. W. , Hertel, T. W. Global trade analysis: modeling and applications. Cambridge: Cambridge University Press, 1997.

Hirshleifer, J. From weakest – link to best – shot: The voluntary provision of public goods. Public choice, 1983, 41 (3): 371 – 386.

Houghton, R. A. Aboveground forest biomass and the global carbon balance. Global Change Biology, 2005, 11 (6): 945 - 958.

House, J. I. , Colin, P. I. , Le Quéré, C. Maximum impacts of future reforestation or deforestation on atmospheric CO_2. Global Change Biology, 2002, 8 (11): 1047 - 1052.

Hsiao, C. Analysis of Panel Data, Cambridge: Cambridge University Press, 2003.

Hueting, R. New scarcity and economic growth: More welfare through less production?. North - Holland, 1980.

IPCC. Climate change 2007: Synthesis report. Valencia: IPPC, 2007: 36.

IPCC. Climate change 2013: Summary for policymakers. Cambridge and New York: Cambridge Press, 2013.

IPCC. Climate change 2014: Summary for policymakers. Cambridge and New York: Cambridge Press, 2014: 1 - 32.

IPCC. Meeting report of the Intergovernmental Panel on Climate Change expert meeting on economic analysis, costingmethods, and ethics. IPCC Working Group II Technical Support Unit. Stanford: Carnegie Institution, 2012: 75.

Jasanoff, S. , Colwell, R. , Dresselhaus, M. S. , et al. Conversations with the community: AAAS at the millennium. Science, 1997, 278 (5346): 2066.

Kahrl, F. , Su, Y. , Tennigkeit, T. , et al. Incentives for carbon sequestration and energy production in low productivity collective forests in Southwest China. Biomass and Bioenergy, 2013, 59: 92 - 99.

Kaul, I. , Conceicao, P. , Le Goulven, K. , et al. Providing global public goods: managing globalization. New York: Oxford University Press, 2003.

Kaul, I. , Grunberg, I. , Stern M. Global public goods: international cooperation in the 21st century. New York: Oxford University Press, 1999.

Kauppi, P. E. , Mielikäinen, K. , Kuusela, K. Biomass and carbon budget of European forests, 1971 to 1990. Science (Washington), 1992, 256 (5053): 70 - 74.

Kindermann, G. , Obersteiner, M. , Sohngen, B. , et al. Global cost estimates of reducing carbon emissions through avoided deforestation. Proceedings of the National Academy of Sciences, 2008, 105 (30): 10302 - 10307.

Kirch, P. V. Archaeology and global change: the Holocene record. Annu. Rev. Environ. Resour, 2005 (30): 409 - 440.

Kollmuss, A. , Zink, H. , Polycarp, C. Making sense of the voluntary carbon market: A comparison of carbon offset standards. Germany: WWF, 2008.

Koop, G. , Tole, L. Is there an environmental Kuznets curve for deforestation? Journal of Development economics, 1999, 58 (1): 231 - 244.

Kooten, G. C. , Krcmar - Nozic, E. , Gorkom, R. , et al. Economics of afforestation for carbon sequestration in western Canada. The Forestry Chronicle, 2000, 76 (1): 165 - 172.

Kossoy, A. , Oppermann, K. , Platonova - Oquab, A. , et al. State and trends of carbon pricing 2014. Washington DC: Worldbank, 2014.

Kossoy, A. , Peszko, G. , Oppermann, K. , et al. State and trends of carbon pricing 2015. Washington DC: Worldbank, 2015.

Köthke, M. , Leischner, B. , Elsasser, P. , Uniform global deforestation patterns—An empirical analysis. Forest Policy and Economics, 2013 (28): 23 - 37.

Landell - Mills, N. , Porras, I. T. , Silver bullet or fools' gold?: a global review of markets for forest environmental services and their impact on the poor. London: International Institute for Environment and Development, 2002.

Lee, H. L. , Hertel, T. W. , Rose, S. , et al. An integrated global land use data base for CGE analysis of climate policy options. Economic analysis of land use in global climate change policy, 2009 (42): 72 - 88.

Li, J. , Feldman, M. W. , Li, S. , et al. Rural household income and inequality under the Sloping Land Conversion Program in western China. Proceedings of the National Academy of Sciences, 2011, 108 (19): 7721 - 7726.

Lieth, H. , Whittaker, R. H. Primary productivity of the biosphere. New York: Springer Science Business Media, 2012.

Liu, J. , Dietz, T. , Carpenter S R, et al. Complexity of coupled human and natural systems. science, 2007, 317 (5844): 1513 - 1516.

Lubowski, R. , Plantinga, A. , Stavins, R. Land - use change and carbon sinks: econometric estimation of the carbon sequestration supply function. Journal of Environmental Economics and Management, 2006, 51 (2): 135 - 152.

MA (Millennium Ecosystem Assessment). Assessment M E. Conceptual Framework. Washington, DC: Island Press, 2003.

MA (Millennium Ecosystem Assessment) . Ecosystems and human well - being. Washington, DC: Island Press, 2005.

Ma, M. , Haapanen, T. , Singh, R. B. , et al. Integrating ecological restoration into CDM forestry projects. Environmental Science Policy, 2014 (38): 143 - 153.

Malhi, Y. , Aragão, L. E. , Galbraith, D. , et al. Exploring the likelihood and mechanism of a climate - change - induced dieback of the Amazon rainforest. Proceedings of the National Academy of Sciences, 2009, 106 (49): 20610 - 20615.

Mather A S. The forest transition. Area, 1992: 367 - 379.

McKinley, D. C. , Ryan, M. G. , Birdsey, R. A. , et al. A synthesis of current knowledge on forests and carbon storage in the United States. Ecological Applications, 2011, 21 (6): 1902 - 1924.

Metz, B. Climate change 2001: mitigation: contribution of Working Group Ⅲ to the third assessment report of the Intergovernmental Panel on Climate Change. Cambridge: Cambridge University Press, 2001.

Michetti, M. , Rosa, R. Afforestation and timber management compliance strategies in climate policy. A computable general equilibrium analysis. Ecological Economics, 2012, 77: 139 - 148.

Moulton, R. J. , Richards, K. R. . Costs of Sequestering Carbon Through Tree Planting and Forest Management in the United States. Washington DC: U. S. Department of Agriculture, Forest Service General Technical Report WO - 58, 1990.

Mundlak Y. On the pooling of time series and cross section data. Econometrica: journal of the Econometric Society, 1978: 69 - 85.

Nair, P. K. R. , Nair, V. D. , Kumar, B. M. , et al. Chapter five - carbon sequestration in agroforestry systems. Advances in agronomy, 2010 (108): 237 - 307.

Nepal, P. , Ince, P. J. , Skog, K. E. , et al. Projection of US forest sector carbon sequestration under US and global timber market and wood energy consumption scenarios, 2010—2060. biomass and bioenergy, 2012 (45): 251 - 264.

Nepstad, D. C. , Stickler, C. M. , Soares - Filho B, et al. Interactions among Amazon land use, forests and climate: prospects for a near - term forest tipping point. Philosophical Transactions of the Royal Society B: Biological Sciences, 2008, 363 (1498): 1737 - 1746.

Newell, R. G. , Stavins, R. N. Climate change and forest sinks: factors affecting the costs of carbon sequestration. Journal of environmental economics and management, 2000, 40 (3): 211 - 235.

Nilsson, S. , Schopfhauser, W. The carbon - sequestration potential of a global afforestation program. Climatic change, 1995, 30 (3): 267 - 293.

Nordhaus W D. The cost of slowing climate change: a survey. The Energy Journal, 1991: 37 - 65.

Nordhaus, W. , Boyer, J. "Warming the World: Economic Models of Global Warming". Cambridge, MA: MIT Press, 2000.

Obiya, A., Chappelle, D. E., Schallau, C. H. Spatial and regional analysis methods in forestry economics: an annotated bibliography, 1986.

Odum, E. P. Ecology and our endangered life – support systems. Massachusetts: Sinauer Associates, 1989.

Olson, J. S., Watts J A, Allison L J. Carbon in live vegetation of major world ecosystems. Oak Ridge National Lab., TN (USA), 1983.

Oreskes, N. The scientific consensus on climate change. Science, 2004, 306 (5702): 1686 – 1686.

Ostrom, E. E., Dietz, T. E., Dolšak, N. E., et al. The drama of the commons. Washington DC: National Academy Press, 2002.

Ostrom, E. Governing the commons: The evolution of institutions for collective action. Cambridge: Cambridge university press, 1990.

Ostrom, E. How types of goods and property rights jointly affect collective action. Journal of theoretical politics, 2003, 15 (3): 239 – 270.

Ostrom, E. Understanding institutional diversity. Princeton, New Jersey: Princeton University Press, 1995.

Ostrom, E., Gardner, R., Walker, J. Rules, games, and common – pool resources. Michigan: University of Michigan Press, 1994.

Ostrom, E., A General Framework for Analyzing Sustainability of Social – Ecological Systems. Science, 2009 (325): 419 – 422.

Ostrom, E. Understanding Institutional Diversity. Princeton University Press, 2005.

Pagiola, S., Platais, G. Payments for Environmental Services: From Theory to Practice. Washington: World Bank, 2007.

Pagiola, S., Assessing the Efficiency of Payments for Environmental Services Programs: a Framework for Analysis. Washington: World Bank, 2005.

Pan, Y,, Birdsey, R, A., Fang, J., et al. A large and persistent carbon sink in the world's forests. Science, 2011, 333 (6045): 988 – 993.

Pan, Y., Luo, T., Birdsey, R., et al. New estimates of carbon storage and sequestration in China's forests: effects of age – class and method on inventory – based carbon estimation. Climatic Change, 2004, 67 (2 – 3): 211 – 236.

Panayotou, T. Demystifying the environmental Kuznets curve: turning a black box into a policy tool. Environment and development economics, 1997, 2 (4): 465 – 484.

Piao, S., Fang, J., Ciais, P., et al. The carbon balance of terrestrial ecosystems in China. Nature, 2009, 458 (7241): 1009 – 1013.

Pigou, A. C. The Economics of Welfare. London: Macmillan, 1920.

Plantinga A J, Mauldin T, Miller D J. An econometric analysis of the costs of sequestering carbon in forests. American Journal of Agricultural Economics, 1999: 812 - 824.

Prentice, I. C. , Farquhar, G. D. , Fasham, M. J. R, et al. The carbon cycle and atmospheric carbon dioxide. In Climate Change 2001: the Scientific Basis. Contribution of Working Group I to the Third Assessment Report of the Intergovernmental Panel on Climate Change. Cambridge: Cambridge University Press, 2001: 183 - 237.

Pritchett, L. , Woolcock, M. Solutions when the Solution is the Problem: Arraying the Disarray in Development. World development, 2004, 32 (2): 191 - 212.

Ravindranath, N. H. , Somashekhar, B. S. Potential and economics of forestry options for carbon sequestration in India. Biomass and Bioenergy, 1995, 8 (5): 323 - 336.

Redman, C. L. Human impact on ancient environments. Tucson: University of Arizona Press, 1999.

Richards, K. Estimating costs of carbon sequestration for a United States greenhouse gas policy. Report prepared for Charles River Associates, 1997: 48.

Richards, K. R. , Stokes, C. A review of forest carbon sequestration cost studies: a dozen years of research. Climatic change, 2004, 63 (1 - 2): 1 - 48.

Richards, K. R. , Moulton, R. J. , Birdsey, R. A. Costs of creating carbon sinks in the US. Energy conversion and management, 1993, 34 (9): 905 - 912.

Rokityanskiy, D. , Benítez, P. C. , Kraxner. F. , et al. Geographically explicit global modeling of land - use change, carbon sequestration, and biomass supply. Technological Forecasting and Social Change, 2007, 74 (7): 1057 - 1082.

Rudel, T. K. , Coomes, O. T. , Moran, E. , et al. Forest transitions: towards a global understanding of land use change. Global environmental change, 2005, 15 (1): 23 - 31.

Ryan, M. G. , Harmon, M. E. , Birdsey, R. A. , et al. A synthesis of the science on forests and carbon for U. S. Forests. Washington DC: Ecological Society of America, 2010.

Samuelson, P. A. The pure theory of public expenditure. The review of economics and statistics, 1954a: 387 - 389.

Samuelson, P. A. Spatial Price Equilibrium and Linear Programming, American Economic Review, 1954b, 42 (2): 283 - 303.

Sathaye, J. , Makundi, W. , Dale, L. , et al. GHG mitigation potential, costs and benefits in global forests: a dynamic partial equilibrium approach. The Energy Journal, 2006: 127 - 162.

Scheffer, M., Carpenter, S., Foley, J. A., et al. Catastrophic shifts in ecosystems. Nature, 2001, 413 (6856): 591-596.

Schroeder, P., Brown, S., Mo, J., et al. Biomass estimation for temperate broadleaf forests of the United States using inventory data. Forest Science, 1997, 43 (3): 424-434.

Sedjo, R. A., Solomon, A. M. Climate and Forests. Greenhouse Warming: Abatement and Adaptation. Washington DC: Resources for the Future, 1989.

Sedjo, R., Lyon, K. The long-term adequacy of world timber supply. Washington DC: Resources for the future, 1990: 230.

Shafik, N., Bandyopadhyay, S. Economic growth and environmental quality: time-series and cross-country evidence. Washington DC: World Bank Publications, 1992.

Shen, Y., Liao, X., Yin, R. Measuring the socioeconomic impacts of China's Natural Forest Protection program. Environment and Development Economics, 2006, 11 (6): 769-788.

Slangen, L., van Kooten, G. C. Economics of carbon sequestration in forests on agricultural land in the Netherlands. Draft paper, 1996.

Smith, A. Inquiry into the Nature and Causes of the Wealth of Nations. New York: Oxford University Press. 1993: 1776.

Sohngen, B., Sedjo, R. Carbon sequestration in global forests under different carbon price regimes. The Energy Journal, 2006: 109-126.

Sohngen, B., Mendelsohn, R. A sensitivity analysis of forest carbon sequestration. Cambridge: Cambridge University Press, 2007.

Sohngen, B., Mendelsohn, R. An optimal control model of forest carbon sequestration. American Journal of Agricultural Economics, 2003, 85 (2): 448-457.

Sohngen, B., Mendelsohn, R., Sedjo, R. Forest management, conservation, and global timber markets. American Journal of Agricultural Economics, 1999, 81 (1): 1-13.

Stanley, M. Gonzalez, G. State of the Forest Carbon Markets 2013. http://www.ecosystemmarketplace.com/publications/sharing-the-stage/2015-9-1.

Stavins, R. N. The costs of carbon sequestration: a revealed-preference approach. American Economic Review, 1999: 994-1009.

Steffen W, Sanderson R A, Tyson P D, et al. Global change and the earth system: a planet under pressure. New York: Springer Science Business Media, 2006.

Stern, D. I., Common, M. S., Barbier, E. B. Economic growth and environmental degradation: the environmental Kuznets curve and sustainable development. World development, 1996, 24 (7): 1151 - 1160.

Stern, P. Toward a coherent theory of environmentally significant behavior. Journal of social issues, 2000, 56 (3): 407 - 424.

Tavoni, M., Sohngen, B., Bosetti, V. Forestry and the carbon market response to stabilize climate. Energy Policy, 2007, 35 (11): 5346 - 5353.

Thomas, S., Dargusch, P., Harrison, S., et al. Why are there so few afforestation and reforestation Clean Development Mechanism projects?. Land use policy, 2010, 27 (3): 880 - 887.

Tietenberg, T., Lewis, L. Environmental and Natural Resource Economics (6th edition). Boston: Addison - Wesley, 2006.

Torres, A. B., Marchant, R., Lovett, J. C., et al. Analysis of the carbon sequestration costs of afforestation and reforestation agroforestry practices and the use of cost curves to evaluate their potential for implementation of climate change mitigation. Ecological economics, 2010, 69 (3): 469 - 477.

Trexler, M. C., Haugen, C. Keeping it green: evaluating tropical forestry strategies to mitigate global warming. Washington DC: World Resource Institute, 1995.

Turner, B. L., Kasperson, R. E., Matson, P. A., et al. A framework for vulnerability analysis in sustainability science. Proceedings of the national academy of sciences, 2003a, 100 (14): 8074 - 8079.

Turner, B. L., Matson, P. A., McCarthy, J. J., et al. Illustrating the coupled human - environment system for vulnerability analysis: three case studies. Proceedings of the National Academy of Sciences, 2003, 100 (14): 8080 - 8085.

Turner, D. P., Koerper, G. J., Harmon, M. E., et al. A carbon budget for forests of the conterminous United States. Ecological Applications, 1995, 5 (2): 421 - 436.

Uchida, E., Xu, J., Rozelle, S. Grain for green: cost - effectiveness and sustainability of China's conservation set - aside program. Land Economics, 2005, 81 (2): 247 - 264.

UNFCCC (United Nations Framework Convention on Climate Change Conference of the Parties). Report of the Conference of the Parties on Its Sixteenth Session, Held in Cancun from 29 November to 10 December 2010 Addendum Part Two: Action Taken by the Conference of the Parties at Its Sixteenth Session. Contents: Decisions Adopted by the Conference of the Parties (2011). http: //unfccc. int/resource/docs/2010/cop16/eng/07a01. pdf♯page=2/2010 - 3 - 13.

Van Kooten, G, C, Thompson, W. A., Vertinsky, I. Economics of reforestation in British Columbia when benefits of CO_2 reduction are taken into account. Forestry and the Environment: Economic Perspectives, 1993: 227 - 247.

Van Kooten, G. C. , Binkley, C. S. , Delcourt, G. Effect of carbon taxes and subsidies on optimal forest rotation age and supply of carbon services. American Journal of Agricultural Economics, 1995, 77 (2): 365 - 374.

Wang, S. , Van Kooten, G. C. , Wilson, B. Mosaic of reform: forest policy in post - 1978 China. Forest Policy and Economics, 2004, 6 (1): 71 - 83.

Wangwacharakul, V. , Bowonwiwat, R. Economic evaluation of CO_2 response options in the forestry sector: the case of Thailand. Biomass and Bioenergy, 1995, 8 (5): 293 - 307.

Watson, R. T. , Noble, I. R. , Bolin, B. , et al. Land use, land - use change and forestry: a special report of the Intergovernmental Panel on Climate Change. Cambridge: Cambridge University Press, 2000.

Whittaker, R, H. , Likens, G. E. Carbon in the biota. Brookhaven symposia in biology, 1973 (30): 281 - 302.

Wunder, S. Payments for Environmental Services: Some Nuts and Bolts. Occasional Paper No. 42. Bogor, CIFOR, 2005.

Xu, D. The potential for reducing atmospheric carbon by large - scale afforestation in China and related cost/benefit analysis. Biomass and Bioenergy, 1995, 8 (5): 337 - 344.

Xu, J. T. , Tao, R. , Xu, Z. G. The Sloping Land Conversion Program: Cost effectiveness, structure adjustment and economic sustainability from the rural household survey in the three provinces in the west of China. Econ Q, 2004 (4): 139 - 162.

Yin, R. , He, Q. The spatial and temporal effects of paulownia intercropping: the case of northern China. Agroforestry Systems, 1997, 37 (1): 91 - 109.

Yin, R. , Yin, G. China's primary programs of terrestrial ecosystem restoration: initiation, implementation and challenges. Environmental management, 2010, 45 (3): 429 - 441.

Yin, R. , Sedjo, R. , Liu, P. The potential and challenges of sequestering carbon and generating other services in China's forest ecosystems. Environmental science & technology, 2010, 44 (15): 5687 - 5688.

Zhang, X. Q. , Xu, D. Potential carbon sequestration in China's forests. Environmental Science & Policy, 2003, 6 (5): 421 - 432.

Zickfeld, K. , Arora, V. K. Gillett N P. Is the climate response to CO_2 emissions path dependent? Geophysical Research Letters, 2012, 39 (5): 1 - 6.